新时代文物保护修复技术及应用丛书

建筑遗产
数智化保护技术

高守雷　张 铭　谷志旺 等 著

上海科学技术出版社

图书在版编目（CIP）数据

建筑遗产数智化保护技术 / 高守雷等著. -- 上海：
上海科学技术出版社，2025. 1. --（新时代文物保护修
复技术及应用丛书）. -- ISBN 978-7-5478-6916-1

Ⅰ. TU-87

中国国家版本馆CIP数据核字第2024HJ1028号

建筑遗产数智化保护技术

高守雷　张　铭　谷志旺 等　著

上海世纪出版（集团）有限公司
上 海 科 学 技 术 出 版 社 出版、发行

（上海市闵行区号景路159弄A座9F-10F）

邮政编码201101　www.sstp.cn

上海光扬印务有限公司印刷

开本 787×1092　1/16　印张 10

字数 220千字

2025年1月第1版　2025年1月第1次印刷

ISBN 978-7-5478-6916-1 / TU·361

定价：95.00元

本书将为一线专业技术人员科学解答何为建筑遗产的数智化保护、数智化保护包含哪些内容以及如何进行数智化保护等关键问题。

全书共 6 章，内容包括数智化保护技术概述、建筑遗产数字化测绘、建筑遗产修缮工艺和材料的数智化、建筑遗产数智化预防性保护、建筑遗产数智化保护案例分析和建筑遗产数智化保护发展展望。重点通过数字技术和智能技术，实现建筑遗产几何和物理信息的数智化逆向重构、构建建筑遗产修缮材料和工艺数字化样本库、建立远程智能安全监测及安全评估技术，为建筑遗产保护的数智化转型提供坚实的技术支撑。

本书可作为高等院校历史建筑保护工程、文物保护技术、古建筑工程技术、文物修复与保护等专业的教材，也可供相关专业的科研人员与保护修复技术人员参考。

上海建筑遗产犹如岁月沉淀下的瑰宝，承载着上海这座城市的独特记忆与文化底蕴。在时代发展的浪潮中，保护这些珍贵的建筑遗产，成为我们义不容辞的责任。2023 年，上海城建职业学院建筑与环境艺术学院与上海建工四建集团有限公司工程研究院联合申请的上海市教委文教结合项目——高校民族文化人才工作室成功立项。此项目紧扣上海建筑遗产文化传承与保护修缮技术技能人才培养之需，深入剖析典型上海建筑遗产的特点与保护要求，直面保护修缮和安全维护的难题。

针对建筑遗产原始资料缺失、长期服役材料劣化、传统材料及工艺难以考证、建筑安全难以监测等科学技术问题，项目团队提出基于数智化的建筑遗产保护理念。行业企业权威专家带领校企人员共同努力，通过数字技术和智能技术实现建筑遗产几何和物理信息的数智化逆向重构，构建建筑遗产修缮材料和工艺数字化样本库，建立远程智能安全监测及安全评估系统，为建筑遗产保护的数智化转型提供坚实的技术支撑。在项目开展过程中，通过现场教学与技术研发，建筑遗产文化传承与创新领域的师资队伍建设和人才培养得以大力推进。校企通力合作，初步建成我国有影响力的建筑遗产文化传承与保护修缮领域高水平教学团队，为培养高素质技术技能人才提供了重要保障。

这本《建筑遗产数智化保护技术》便是该项目的重要成果之一。当前，我国建筑遗产数智化保护技术相关著作尚处空白。本书将为一线专业技术人员解答何为建筑遗产的数智化保护、数智化保护包含哪些内容以及如何进行数智化保护等关键问题。无论是建筑遗产保护修缮、文物修复与保护，还是建筑设计等行业的专业技术人员，抑或是本科、专科院校相关专业的师生，都能从本书中汲取经验与得到启发。

参与本书撰写的人员主要有上海城建职业学院高守雷等，上海建工四建集团有限公司张铭、谷志旺等，上海新科南方测绘科技有限公司袁大伟。全书由高守雷、张铭、谷志旺统稿。具体编写分工如下：第 1 章由王跃强、高守雷、倪皓完成；第 2 章由任瑛楠、童宇、包凌飞、王跃强、高守雷、卢楠、高新琦完成；第 3 章由孙沈鹏、陈雪峡、马思齐、何娇、李文墨、施洪威、倪皓完成；第 4 章由朱晓璇、王新新、杨成斌、张莉莎、孙耀龙、朱宇丹完成；第 5 章由谷志旺、张铭、袁大伟、高守雷、邵东东完成；第 6 章由李文墨、谷志旺、袁大伟、高守雷、倪皓完成。

在撰写过程中，各位作者满怀对建筑遗产的敬畏之心与高度责任感，以严谨的态度投入创作之中，深入研究每一个技术细节，反复斟酌每一段文字表述，力求做到准确无误。为了使内容更加完善、更具价值，我们花费了大量的时间和精力进行数据采集和实证研究，在此基础上数易其稿，全面深入地呈现了建筑遗产数智化保护的内涵，努力为读者奉献一本高质量的专业著作。特别感谢上海市规划和自然资源局原教授级高级工程师林驹、上海市房地产科学研究院原教授级高级工程师赵为民、同济大学教授张鹏、上海建筑装饰（集团）设计有限公司总经理陈中伟等各位专家，他们为本书的完善提出了宝贵的建议。

同时，我们也清楚地认识到，数智化保护技术仍处于不断探索的进程之中，每一项新技术的突破都可能为建筑遗产的保护带来新的机遇和变革。期望这本著作能够抛砖引玉，引发更多专业人士的深入思考和积极探索，为建筑遗产保护事业的蓬勃发展贡献力量。

著　者

第 1 章

数智化保护技术概述

　　同济大学常青院士认为，"建筑遗产在当代国际语境中有广义和狭义之分，广义泛指历史上留存下来的'故旧建筑'（historical building），狭义特指依法登录保护的'历史建筑'（monument，historic building）。"建筑遗产承载着丰富的文化内涵与社会价值，是人类文明的重要遗产。然而，随着时间的流逝，一些建筑遗产面临着风化、损毁以及人为破坏的威胁。如何有效保护和传承建筑遗产，已成为各国文物保护工作的重要议题。数智化保护技术的兴起，则为这一问题提供了全新的解决方案。本书将全面探讨数智化技术在建筑遗产保护中的应用。

　　本章重点介绍传统与新兴数智化技术，以及"数智化保护技术综合集成平台"的特点与优势，并进一步探讨建筑遗产数智化保护的重要性和方法。

1.1 何为建筑遗产数智化保护技术

1.1.1 建筑遗产数智化保护技术缘起

1）建筑遗产保护的重要性

建筑遗产作为文化遗产的重要组成部分，不仅承载着历史记忆和文化传统，而且在塑造国家和地区身份认同中发挥着不可替代的作用。建筑遗产不仅是砖石和木料的结合，也是时间的见证者，承载着过去的故事、传统和文化，反映了一个地区的发展历程和社会变迁。作为物质文化遗产的一部分，建筑遗产对研究过去的社会、政治、经济和艺术发展提供了宝贵的线索，可以帮助人们更好地了解过去的生活方式、社会结构和文化传统。如图1-1所示枫泾古镇作为上海地区现存规模较大、保存完好的水乡古镇，已成为具有典型江南水乡特点和传统文化特色的城镇"样板"。不同地区和文化的建筑遗产展现了人类建筑和艺术的多样性。这种多样性丰富了各地区的文化景观，促进了不同文化间的理解和尊重。建筑遗产在为当地居民提供文化认同感的同时，更为外来游客提供了深入了解该地区历史和文化的窗口。因此，保护建筑遗产，不仅是为了保存物理结构，更是为了传承历史文化、保持社会连续性、维护文化多样性，既是对过去的尊重，也是对未来负责。

然而，随着现代化进程的加快和城市化的扩张，建筑遗产面临着前所未有的挑战，如商业开发、城市更新、环境破坏，以及建筑遗产价值的被忽视等。在此背景下，国家和地

图 1-1 枫泾古镇

方政府相关部门出台了一系列的政策和法规，为建筑遗产的保护提供了法律依据。2012年，住房和城乡建设部、文化部、财政部发布了《关于加强传统村落保护发展工作的指导意见》，指出"传统村落凝聚着中华民族精神，是维系华夏子孙文化认同的纽带。传统村落保留着民族文化的多样性，是繁荣发展民族文化的根基。但随着工业化、城镇化的快速发展，传统村落衰落、消失的现象日益加剧，加强传统村落保护发展刻不容缓"。2017年，中共中央办公厅、国务院办公厅印发的《关于实施中华优秀传统文化传承发展工程的意见》指出，要"加强历史文化名城名镇名村、历史文化街区、名人故居保护和城市特色风貌管理，实施中国传统村落保护工程"。2019年，上海市人大修改并颁布了新的《上海市历史风貌区和优秀历史建筑保护条例》，指出"历史风貌区和优秀历史建筑的保护，应当遵循统一规划、分类管理、有效保护、合理利用、利用服从保护的原则"。2021年，中共中央办公厅、国务院办公厅印发了《关于在城乡建设中加强历史文化保护传承的意见》，明确提出"在城乡建设中系统保护、利用、传承好历史文化遗产，对延续历史文脉、推动城乡建设高质量发展、坚定文化自信、建设社会主义文化强国具有重要意义"。

2）传统保护方法的局限性

（1）从技术角度看，传统的建筑遗产保护方法在面对复杂的修复需求时，可能无法提供必要的精确性和复杂的细节处理，难以精确复原建筑遗产的复杂装饰或独特结构，可能导致修复后的建筑失去了原有的历史信息和艺术价值。另外，很多传统材料已不再使用或难以获得，也造成传统修复技术具有很大的局限性。

（2）传统保护方法受到资金成本的制约。传统保护方法往往无法广泛应用于不同类型和规模的建筑遗产，尤其是那些具有独特文化或结构特点的建筑，这就需要大量的专业工匠和特殊定制的材料，从而导致较高的成本。在预算有限的情况下，高成本问题可能会严重影响保护项目的质量和进度。

（3）传统保护方法的环境适应性不足。传统保护方法很难适应环境污染和气候变化对建筑遗产造成的危害，例如洪水、台风等极端环境对于建筑遗产所引起的结构性损害，空气污染、高温等对建筑材料和色彩的微观影响等。面对此类问题，传统修复方法往往缺乏灵活性和适应性。同时，一些传统的修复技术可能不再符合可持续性和环保要求，如某些传统材料或工艺可能对环境和操作人员产生损害而被禁止使用。因此，传统方法需要与现代环保标准和气候适应策略相结合，以确保建筑遗产的保护符合可持续发展的要求。

（4）传统保护方法中存在文化理解限制的问题。过分强调传统保护方法的在地性和对技术的过度依赖，可能导致在建筑遗产保护实践中忽视了全球视角和跨文化交流的重要性。如过分强调使用特定的本地材料和技术，而忽略了更先进的创新解决方案或替代方法，从而限制了保护工作的视野，阻碍了对建筑遗产多样性的全面认识和保护。因此，需要采取更加开放和包容的态度，吸收和借鉴不同文化中的知识和技术，从而丰富和完善建筑遗产的保护实践。

3）数智化保护技术的引入

针对传统建筑遗产保护方法的不足，引入数智化保护技术可以促进该领域的技术进步。

原因在于：一是数智化技术可以精确记录和复原建筑的细节，这对于确保修复工作的高质量和历史准确性至关重要。通过模拟来评估修复措施，从而可以减少对原有结构的潜在损害。二是数智化技术在资金和资源方面更为高效。通过使用数字工具和自动化流程，建筑遗产的保护成本可以大大降低，同时工作效率提高，使得更多的建筑遗产得到合理保护和修复。三是在环境适应性方面，数智化技术提供了更灵活的解决方案，如通过环境监测系统和先进的材料技术，专家可以更好地理解和应对极端环境对建筑遗产造成的危害。四是从文化理解的角度来看，数智化技术促进了全球视角和跨文化交流。通过共享数智化的建筑遗产数据和研究，世界各地的保护专家可以交流经验，共同开发更有效的保护策略和技术。

1.1.2　建筑遗产数智化保护技术的定义

建筑遗产数智化保护技术是指利用数字技术和智能技术来保护、保存、管理和传播具有历史、艺术、科学、文化和社会价值建筑遗产的一系列方法和工具，包括数字扫描、三维建模、虚拟现实、监测和预测模型等技术（图1-2）。通过数智化保护技术，研究人员可以对传统的建筑遗产保护方法进行补充和完善，使得建筑遗产的分析、修复和保护工作更加精确化、系统化和可持续。

建筑遗产数智化保护技术主要包括：

（1）数字扫描和图像捕捉。使用高分辨率扫描仪、摄像机或其他图像捕捉设备，将实体文档、艺术品、遗迹或建筑物转换成数字格式。

（2）三维建模和重建。通过三维扫描技术（如激光扫描）创建物理对象的精确数字副本，用于重建和分析文化遗产。

（3）数字存档。创建数字化档案库以存储和保存重要的历史、艺术和科学资料，确保这些资料能够抵御时间和物理环境的侵蚀。

（4）数据管理与可访问性。使用数据库管理系统和在线平台，使得数字化的内容可以被广泛访问和研究。

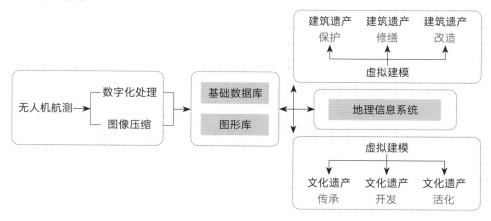

图1-2　数智化保护流程图

（5）虚拟现实和增强现实。利用虚拟现实（virtual reality，VR）和增强现实（augmented reality，AR）技术为用户提供互动式的历史场景体验，使得遗产保护具有更高的参与度和教育价值。

（6）环境监测和预测模型。使用传感器和数据分析工具，监测和评估文化遗产的环境风险，如气候变化、污染和自然灾害等。

（7）数智修复。使用数智工具对损坏的文化遗产进行分析评估、保护修复和重建模拟，以指导实际的修复工作。

（8）网络安全和数据保护。确保数字化资料的安全性，防止数据丢失、损坏或未被授权访问等。

1.1.3 建筑遗产数智化保护技术的应用

1）物质文化遗产的保护

数智化技术的应用开创了一种全新的方法论，使得遗产保护从传统的手工和经验方法向更为科学、精确的方向发展。这种转变不仅提高了修复和保护的效率和质量，还扩大了遗产研究的视野和深度。首先，数智化技术使得对物质遗产的记录和分析更加精确和全面。例如，通过高精度的三维扫描，可以获得建筑和艺术品的精确复制品，为研究提供了极为丰富的数据。数字化档案的创建使得遗产信息的存储、检索和共享更加便捷，大大提高了文化遗产的可访问性。其次，数智化技术为物质遗产的保护提供了新的手段。通过对遗产状态的持续监测和分析，可以及时发现并处理潜在的破坏和风险，从而有效地延长遗产的寿命。同时，这些技术还为修复工作提供了科学依据，使得修复方案更加符合历史真实性和文化价值。另外，数智化技术在物质文化遗产的展示和教育中可以发挥重要作用。通过虚拟现实、增强现实等技术，公众能够以全新的方式体验和学习文化遗产，这不仅可以提高公众参与度，还有助于提升社会对文化遗产保护的认识和重视。

2）非物质文化遗产的保护

在非物质文化遗产领域中，数智化保护技术不仅提供了先进的记录和保存手段，而且通过全球性的信息共享和交流，可以加强不同文化之间的理解和尊重。从记录和保存的角度看，数智化技术能够捕捉和记录非物质文化遗产的各个方面，包括语言、技艺、仪式和传统知识等。这些记录不仅在质量上优于传统方法，而且能够长期保存，为未来的研究和教育提供了丰富的资源。数智化技术在非物质文化遗产的传播和普及方面发挥着重要作用。通过网络和数字媒体，非物质文化遗产得以跨越地域和文化界限，被更广泛的公众所了解和欣赏。这不仅可以提高公众对不同文化形式的认识，而且可以促进文化的交流和多样性。数智化技术在促进非物质文化遗产的创新和发展方面也发挥着积极作用。数智化技术为艺术家和文化工作者提供了新的工具和平台，可以激发他们对传统文化的新诠释和新创造。

1.2 数智化保护技术的发展历程及影响力

1.2.1 数智化保护技术的发展历程

数智化保护技术与计算机技术的发展相同步。从 20 世纪中叶计算机技术的初步应用到 21 世纪虚拟现实和人工智能的广泛运用，每个阶段都进行着保护技术与文化遗产理解之间的相互促进。这一进程不仅提高了文化遗产保护的技术能力，更深化了人们对文化遗产内在价值的认识。技术的每次突破都扩展了人们保护和传承文化遗产的方式，将其从传统的记录和修复转变为一个多元、动态和互动的过程。本节"数智化保护技术的发展历程"的分期依据主要考虑计算机技术发展的关键节点和文化遗产保护需求的演变，该分期方法反映了从基本的数字化记录工具到复杂的交互式和沉浸式技术的逐步发展；同时，也体现了在不同历史时期对文化遗产保护价值和方法的理解。

1）计算机的早期应用（20 世纪 50—60 年代）

计算机的出现标志着现代信息时代的开始，计算机的早期应用主要集中在科学和政府领域。虽然当时计算机的性能有限，但它们为复杂的科学计算和模拟提供了重要工具。数字技术用于数据处理和简单的计算任务，还未广泛应用于文化和历史遗产的保护，却为未来数智化保护技术的发展奠定了基础。随着技术的不断进步，数字化保护技术开始在文化遗产领域崭露头角，为历史文化的记录、保护和展示提供了新的可能性。

2）数字存储和管理的实践（20 世纪 70 年代）

数字化保护技术的早期应用为历史文化遗产的保护和传承提供了新的可能性。通过数据库和数据分析技术，可以为历史文化遗产的保护和研究提供更多的工具和途径，也为数字文化遗产保护与研究奠定了基础。

（1）文档和档案的数字化。20 世纪 70 年代的文档和图像数字化技术使文化遗产机构（博物馆、档案馆和图书馆）能够将珍贵的历史文件和文物进行数字化存储。这种数字档案的创建不仅强化了文物的保存和备份，还使它们可以更方便地被共享，从而加强了历史文化遗产的传承和研究。

（2）数据库管理系统的应用。数据库技术的兴起为历史文化遗产的记录和管理提供了强大的工具。历史文化遗产机构可以使用数据库来记录和组织文物信息，可以帮助研究人员更轻松地访问和查询文物信息，促进历史文化遗产的研究和保护。

（3）数据分析和保护决策。数字化保护技术还为历史文化遗产的保护决策提供了支持。通过分析数字数据，文化遗产机构可以了解文物的状况、修复需求和风险因素，可以采取有针对性的保护和修复措施，以确保文物的长期保存。

3）个人计算机和图像扫描技术（20世纪80年代）

1981年IBM公司推出其首款个人计算机，Apple、Commodore等公司也推出了各自的个人电脑（personal computer，PC）产品。相较于早期的计算机，PC更易于操作、价格更低，因而得到了快速发展和普及，个人计算机开始进入普通家庭和小型企业。此时期也是图像扫描技术发展的关键时期，随着技术进步，扫描仪变得更加紧凑、高效和经济，使得图书馆和档案馆等机构开始将纸质文档和图像转换为数字格式，从而更容易存储、管理和共享这些资源。文物和档案的数字化保存不仅提高了文物的长期保存和备份能力，还减少了物理损耗的风险，确保了历史文化遗产的传承。一些机构尝试通过光盘或电视等媒介对文物和历史遗产进行展示，虚拟展示的概念已初步形成。

4）互联网的兴起和数字档案（20世纪90年代）

传统信息的传播主要依赖于印刷媒体、广播和图书馆等途径，而互联网的普及使得信息能够以前所未有的速度和规模传播到全球各地，这标志着信息传播和共享方式的巨大变革。万维网的发明为互联网提供了一个图形化、交互式的平台，使得用户可以通过超文本链接访问各类信息。这种用户友好的界面极大地促进了信息的传播和交流，使互联网变得更加普及和易用。互联网的兴起给数字化保护技术的应用带来了重大影响。数字化的历史、文化资料可以通过互联网远程交流，使文化遗产更容易被访问和研究。

5）高分辨率扫描和三维技术（2000年代）

21世纪伊始，高分辨率扫描和三维扫描建模技术的应用使得文化遗产的数字化更加精确和全面，促进了文化遗产的保存、研究和传承。

（1）高分辨率扫描技术的进步能够捕捉文档、艺术品和保护对象的微小细节。图书馆、档案馆和博物馆采用高分辨率扫描技术来保存珍贵的历史文献、手稿和艺术品。这不仅提高了数字化副本的质量，而且几乎使数字版本达到与原件一样的精确度，为数字文化遗产的保存和研究提供了高质量的资源。

（2）三维扫描建模技术开始广泛应用于文化遗产的保护，尤其是在创建建筑物、雕塑和考古遗物等的精确三维数字模型方面。非接触性的三维扫描方法对于保护脆弱的文化遗产发挥了重要的作用。通过三维模型，研究人员可以进行分析、监测和研究，从而大大降低了实际接触对于文化遗产本身的干扰。

6）虚拟现实和增强现实（2010年代）

2010年代的虚拟现实（VR）和增强现实（AR）技术的发展，为数字化保护带来了全新的应用和维度。

（1）2010年代是VR技术发展的重要时期，其中头戴式VR设备（如Oculus Rift和HTC Vive）的商业化推广极大地促进了这一领域的进步。VR技术能够创造出沉浸式的虚拟环境，让用户以互动的方式参与其中。在数字化保护领域，VR被用于重新呈现历史场景、建筑和事件，为用户提供了一种前所未有的直观体验。

（2）与VR不同，AR技术通过在现实世界的景象上叠加虚拟元素，以增强用户的体验。智能手机和平板电脑的大范围应用进一步推动了 AR 技术的普及。博物馆和文化机构利用 AR 技术，可以提供相关展品的信息，以丰富参观者的体验。

（3）VR 和 AR 技术在教育和文化传播方面发挥着重要作用。公众可以通过 VR 和 AR 技术体验历史事件，或者在虚拟环境中探索古代建筑和艺术品。这种沉浸式的学习方式能够提高参与度，为教育领域带来了革命性的变化。

（4）通过创建精确的三维模型，并利用 VR 和 AR 技术展示这些模型，不仅可以保存遗产的物理外观，还能够保存其环境和故事背景。利用这些技术还可以监测文化遗产的状态和检验保护措施的有效性等。

7）人工智能和机器学习（2020 年代）

人工智能（artificial intelligence，AI）和机器学习（machine learning，ML）技术的应用给数智化保护领域带来了更多创新和变革。

（1）AI 技术已经改变了文化遗产数据的分析方式。通过复杂的算法，AI 可以快速分析大量数据，识别模式和趋势，帮助研究人员分析古代文献、艺术品风格的演变，甚至预测特定遗产地点的未来变化。

（2）ML 技术，尤其是深度学习技术，已经成为图像识别领域的核心。在文化遗产保护中，借助该技术可以自动识别和分类大量图像资料，评估文化遗产环境的保护状况，帮助管理者制订遗产保护和修复计划等。

（3）AI 和 ML 技术为文化遗产的修复提供了新的工具。可深入分析受损的艺术品，模拟其原貌，帮助研究人员进行准确修复。

（4）随着技术的不断进步，建筑遗产的数智化保护和传承将变得更加精细化、智能化和可持续化。

1.2.2　数智化保护技术的影响力

1）对学校教育的影响

数智化技术为学生和研究者提供了更加直观的学习方式。通过虚拟现实和在线展览，学生可以在没有空间限制的情况下访问不同的文化遗产，从而增强学习体验的深度和广度，进一步促进对文化遗产的深入理解和研究。同时，丰富的在线资源和数字化资料库为学者、学生和专业人员提供了宝贵的学习材料，有助于提高教育和研究质量。这些资源也为非专业人士提供了学习历史和文化的机会，从而可以提高社会公众对文化遗产重要性的认识。

2）对遗产保护的影响

数智化技术可以通过创造虚拟旅游体验和提供丰富的在线内容，吸引更多对建筑遗产和文化遗产感兴趣的游客。这样可以平衡游客流量，减轻对建筑遗产和文化遗产的压力。数智化技术也为保存和传播非物质文化遗产提供了新的途径。例如，传统技法和工艺可以通过数字媒体被记录和传播，使得这些文化形式得以跨越时间和空间的限制，被更广泛的受众所了解和欣赏。

3）对就业市场的影响

数智化技术的发展需要一系列专业技能，如数据分析、软件开发、数字媒体制作、数字化遗产管理、三维建模和虚拟现实等。这些专业技能的需求为信息技术（information technology，IT）专业人才、文创人员和数字艺术家等提供了丰富的就业机会，同时也为相关教育和培训行业的发展带来了新的契机。数智化技术的应用还可以激发创意产业的创新和多样化。例如，数字艺术、互动展览设计、数字化文化体验的开发等，不仅为艺术家和设计师提供了新的表达方式，也为文化产品的市场创造了新的需求。数智化技术在提升建筑遗产和文化遗产价值的同时，也促进了相关技术和服务行业的发展，为地方经济带来了新的增长点。

1.3 数智化保护技术及其特点

1.3.1 传统数字化技术

1.3.1.1 扫描和数字化成像技术

1）原理

扫描和数字化成像技术是利用扫描设备或数字化成像设备，通过采集物体表面的几何形状和颜色信息，将其转换为数字化的数据表示形式。

2）工作流程

扫描数字化成像流程如图 1-3 所示。

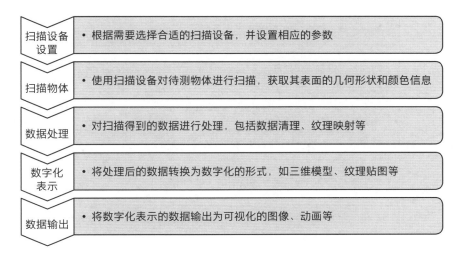

扫描设备设置	• 根据需要选择合适的扫描设备，并设置相应的参数
扫描物体	• 使用扫描设备对待测物体进行扫描，获取其表面的几何形状和颜色信息
数据处理	• 对扫描得到的数据进行处理，包括数据清理、纹理映射等
数字化表示	• 将处理后的数据转换为数字化的形式，如三维模型、纹理贴图等
数据输出	• 将数字化表示的数据输出为可视化的图像、动画等

图 1-3 扫描数字化成像流程图

3）应用领域

扫描和数字化成像技术作为跨领域的创新工具，提供了将物理世界的对象转化为高精度数字信息的能力。其应用已经广泛深入到文化遗产保护、工程建筑、制造业、医疗、地理信息系统等众多领域，对于提升工作效率、确保精度以及推动创新性发展具有重要意义。

在文化遗产保护方面，扫描和数字化成像技术能够创建历史文物、艺术品及古建筑的三维模型，这不仅有助于保存珍贵的文化遗产，还为可能的修复和重建提供了必要的数据基础。在工程和建筑行业，这些技术用于从项目初期的设计阶段到施工过程中的实时监控，确保建筑物能够按照精确的设计参数进行建造。在制造业中，扫描技术用于产品的质量控制，确保每一个部件都符合严格的规格要求。在地理信息系统领域，扫描技术使得地形测绘工作更为迅速和精确，它支持城市规划、灾害管理等应用，提供关键的地形和地貌信息，以支持决策和科学研究。

4）技术发展趋势

扫描和数字化成像技术的发展趋势表现为追求更高的精度和分辨率、更快的处理速度、更强的便携性与无线连接能力，支持多模态数据融合，增强自动化与远程操作能力，并注重提升设备的可持续性和能效等。这些创新趋势将进一步推动扫描和数字化成像技术在工程、医疗、文化遗产保护等多个重要领域的应用，使其更为广泛和深入。

1.3.1.2　光学字符识别技术

1）原理

光学字符识别（optical character recognition，OCR）技术是一种通过计算机对文本图像进行分析和识别的技术。它利用图像处理和模式识别算法，将文本图像中的字符转换为可编辑的文本数据。

2）工作流程

光学字符识别流程如图 1-4 所示。

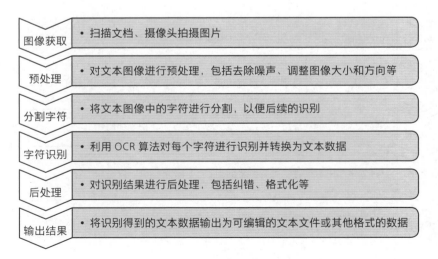

图像获取	• 扫描文档、摄像头拍摄图片
预处理	• 对文本图像进行预处理，包括去除噪声、调整图像大小和方向等
分割字符	• 将文本图像中的字符进行分割，以便后续的识别
字符识别	• 利用 OCR 算法对每个字符进行识别并转换为文本数据
后处理	• 对识别结果进行后处理，包括纠错、格式化等
输出结果	• 将识别得到的文本数据输出为可编辑的文本文件或其他格式的数据

图 1-4　光学字符识别流程图

3）应用领域

光学字符识别（OCR）技术在文档管理和教育研究等领域发挥着重要作用。它通过将纸质文件数字化，提高了文件管理的效率，促进了教育资源的共享。在文化遗产和建筑遗产保护领域，OCR 技术可以对大量的历史文献、古籍和档案进行数字化处理，这不仅能有效保护和保存珍贵的历史文化资料，而且可以帮助研究人员更好地了解各类文化信息。

4）技术发展趋势

OCR 技术在发展趋势上呈现出全面性和准确度提升的特征。未来，OCR 技术将致力于提高字符识别的精确度和多语言支持能力，以更准确地识别不同语言和字体的文本，并为全球范围内的应用提供广泛支持。同时，深度学习和人工智能技术的整合将使 OCR 系统更加智能化和自适应，通过不断优化算法和适应不同应用场景的需求，进一步提高识别准确度。此外，OCR 技术还将拓展到多媒体数据的识别领域，不再局限于纯文本，还能处理图像、音频和视频等各种类型的信息，从而更全面地满足不同应用场景的需求。

1.3.1.3　图像处理技术

1）原理

图像处理技术是指利用计算机对数字图像进行处理和分析的技术。其原理基于数字信号处理和计算机视觉等相关理论，通过对图像进行数字化表示和各种算法处理，实现对图像的增强、分割、特征提取等操作。

2）工作流程

图像处理技术流程如图 1-5 所示。

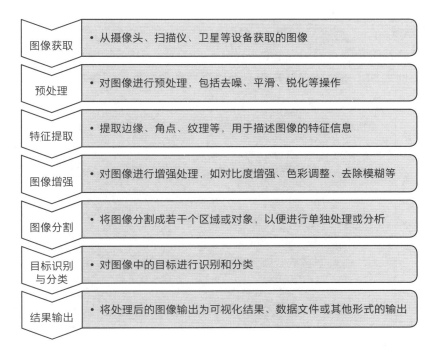

图 1-5　图像处理技术流程图

3）应用领域

在医学影像学中，图像处理技术提高了医学图像的清晰度和准确性，有助于医生更准确地诊断疾病。在无人驾驶和智能交通系统中，图像处理技术用于实现道路监控、车辆识别和交通管理，提高了交通安全和效率。在安防领域，图像处理技术被应用于视频监控系统，实现了对人员和物体的实时监测和识别，增强了安全防范的效果。

在文化遗产和建筑遗产保护领域，图像处理技术可以对建筑遗产和文物进行高精度的数字化记录和分析，为其修复和保护提供重要的参考数据。此外，图像处理技术还可以应用于文物的数字化展示和虚拟现实体验，使人们能够更直观地了解建筑遗产和文化遗产的价值和意义。

4）技术发展趋势

随着计算机硬件性能的不断提升和算法的不断优化，图像处理技术将实现更高的处理速度和更精确的结果。人工智能和深度学习技术的应用将进一步推动图像处理技术的发展，使其能够更好地理解和处理图像内容，提高图像识别和分析的准确性和效率。

1.3.1.4　摄影测量技术

1）原理

摄影测量技术是一种利用航空摄影、卫星遥感等手段，获取地物影像中的特征点、线条等信息，来测量地物的空间位置、形状和尺寸等参数图像数据，并通过测量、分析和处理这些数据来获取地表特征和地形信息的技术。

2）工作流程

摄影测量技术流程如图 1-6 所示。

3）应用领域

在地理信息系统（geographic information system，GIS）领域，摄影测量技术被用于地图制图、土地规划、资源管理等方面，为城市规划和自然资源管理提供重要支持。在环

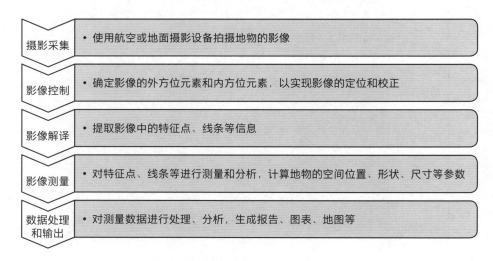

图 1-6　摄影测量技术流程图

境监测和灾害管理中，该技术可用于监测地表变化、识别潜在风险区域，为应对自然灾害提供数据支持。此外，摄影测量技术还为农田管理、森林监测和水资源调查提供重要数据基础。

在文化遗产和建筑遗产领域，摄影测量技术能够以非接触的方式对它们进行勘察和监测。与三维激光扫描技术相比，摄影测量技术在覆盖范围和数据采集效率上具有一定优势，尤其适用于大范围的遗址和建筑群的测绘工作。此外，摄影测量技术还可以结合数字地形模型和航拍影像，实现对文化遗产多尺度、多角度的全面记录和分析，为文物保护、修复和管理提供更全面的数据支持。

4）技术发展趋势

一方面，随着遥感技术和数字影像处理技术的不断进步，摄影测量技术在文化遗产保护和建筑遗产研究领域的应用将更加精细和全面。通过结合数字地形模型和航拍影像，未来的摄影测量技术将能够实现对文化遗产和建筑遗产的高精度三维建模和多尺度分析，为文物保护、修复和管理提供更全面、更深入的数据支持。另一方面，摄影测量技术还可以结合地理信息系统等技术手段，实现对文化遗产的空间分布和变化的动态监测和管理，为文化遗产的保护和传承提供更科学、更有效的方法。

1.3.2　新兴数智化技术

1.3.2.1　三维激光扫描技术

1）原理

三维激光扫描仪（图1-7）通过激光测距的原理，把激光先投射到被测物体表面，继而反射回扫描仪内的传感器中，扫描仪据此计算其与物体的距离，确定物体在空间中的位置，得到三维点云数据。由于三维激光扫描系统可以密集地大量获取目标对象的数据点，因此相对于传统的单点测量，三维激光扫描技术也被称为从单点测量进化到面测量的革命

图1-7　三维激光扫描仪

性技术突破。

2）工作流程

三维激光扫描工作流程如图 1-8 所示。

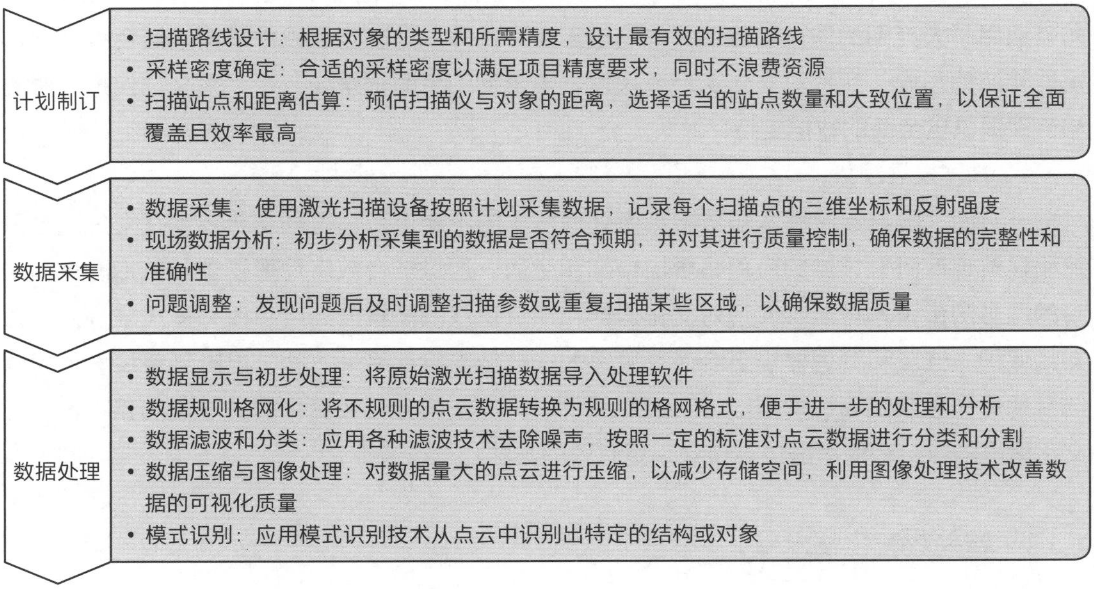

计划制订	• 扫描路线设计：根据对象的类型和所需精度，设计最有效的扫描路线 • 采样密度确定：合适的采样密度以满足项目精度要求，同时不浪费资源 • 扫描站点和距离估算：预估扫描仪与对象的距离，选择适当的站点数量和大致位置，以保证全面覆盖且效率最高
数据采集	• 数据采集：使用激光扫描设备按照计划采集数据，记录每个扫描点的三维坐标和反射强度 • 现场数据分析：初步分析采集到的数据是否符合预期，并对其进行质量控制，确保数据的完整性和准确性 • 问题调整：发现问题后及时调整扫描参数或重复扫描某些区域，以确保数据质量
数据处理	• 数据显示与初步处理：将原始激光扫描数据导入处理软件 • 数据规则格网化：将不规则的点云数据转换为规则的格网格式，便于进一步的处理和分析 • 数据滤波和分类：应用各种滤波技术去除噪声，按照一定的标准对点云数据进行分类和分割 • 数据压缩与图像处理：对数据量大的点云进行压缩，以减少存储空间，利用图像处理技术改善数据的可视化质量 • 模式识别：应用模式识别技术从点云中识别出特定的结构或对象

图 1-8   三维激光扫描工作流程图

3）应用领域

在工程与建筑领域，三维激光扫描技术用于精确测量建筑物、土地和基础设施，支持建筑设计、施工监测和设施管理。在制造业中，该技术被用于质量控制和逆向工程，帮助优化产品设计和生产流程。在文化遗产和建筑遗产领域，三维激光扫描技术可以对建筑遗产进行非接触式的高精度三维测量，快速捕捉建筑物的形态、结构和细节，为文物保护和修复提供重要的数据支持。

4）技术发展趋势

一方面，随着传感器技术的不断进步和数据处理算法的不断优化，未来的三维激光扫描技术可以对建筑遗产进行高精度的和更快的数据采集和分析，同时能够处理更大范围和更复杂的场景。另一方面，人工智能和深度学习技术的应用将使得三维激光扫描技术更智能化和自适应，还能与虚拟现实和增强现实技术结合，实现对文化遗产的数智化展示和沉浸式体验，使人们能够更直观、更深入地了解建筑遗产和文化遗产的价值和意义。

1.3.2.2   虚拟现实技术

1）原理

虚拟现实技术是一种通过计算机模拟现实世界场景，并将用户置身于这些场景中的技术。它利用头戴式显示器（图 1-9）、手柄、追踪器等设备，以及计算机图形学、传感器技术等，使用户可以与虚拟环境进行交互，获得身临其境的体验。

图 1-9　头戴式显示器

2）工作流程

虚拟现实技术工作流程如图 1-10 所示。

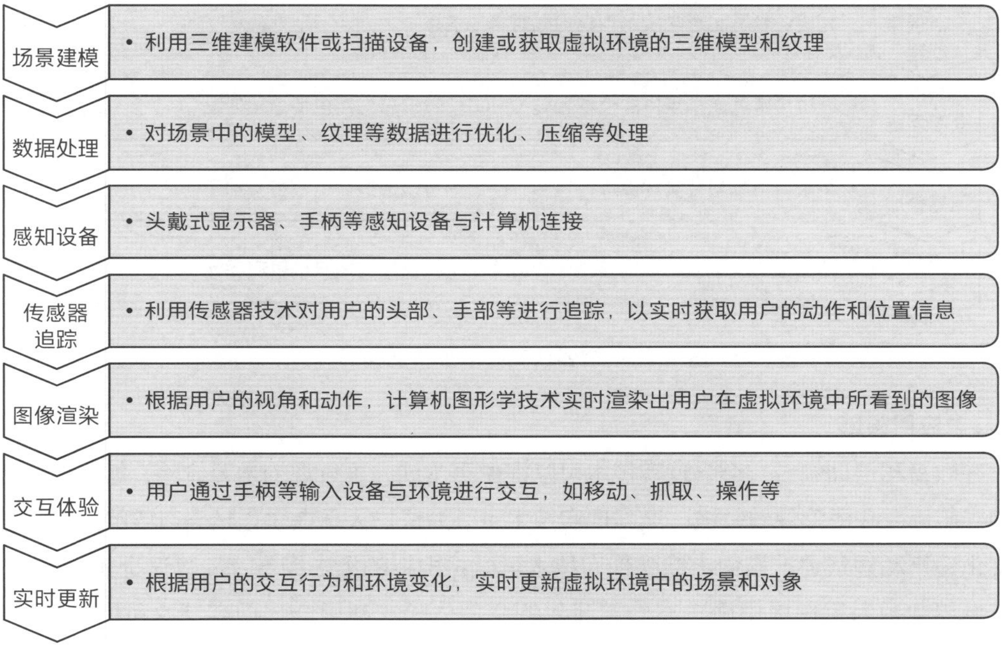

场景建模	• 利用三维建模软件或扫描设备，创建或获取虚拟环境的三维模型和纹理
数据处理	• 对场景中的模型、纹理等数据进行优化、压缩等处理
感知设备	• 头戴式显示器、手柄等感知设备与计算机连接
传感器追踪	• 利用传感器技术对用户的头部、手部等进行追踪，以实时获取用户的动作和位置信息
图像渲染	• 根据用户的视角和动作，计算机图形学技术实时渲染出用户在虚拟环境中所看到的图像
交互体验	• 用户通过手柄等输入设备与环境进行交互，如移动、抓取、操作等
实时更新	• 根据用户的交互行为和环境变化，实时更新虚拟环境中的场景和对象

图 1-10　虚拟现实技术工作流程图

3）应用领域

在娱乐和游戏行业中，虚拟现实技术为用户提供沉浸式的视听体验。在教育和培训领域，VR 可以模拟真实场景，提供交互式的学习环境，如虚拟实验室、虚拟手术室和虚拟培训模拟等。在文化遗产和建筑遗产方面，虚拟现实技术可以实现对建筑遗产和文化遗产的数智化展示和沉浸式体验。虚拟现实技术还可以结合文物的数字化模型和历史资料，为用户提供丰富的历史信息和文化背景，促进文化遗产的传承和宣传。

4）技术发展趋势

随着硬件技术的进步和成本的降低，未来的虚拟现实设备将更加轻便、便捷，并且更加智能化，更加注重用户体验和互动性，能够实现对建筑遗产的虚拟重建和虚拟游览，使用户能够身临其境地感受建筑遗产的风貌和氛围。

1.3.2.3 增强现实技术

1）原理

增强现实技术利用计算机视觉、传感器技术和显示技术，将虚拟对象与现实环境相结合，以实现虚拟信息与现实世界的融合显示。

2）工作流程

增强现实技术工作流程如图 1-11 所示。

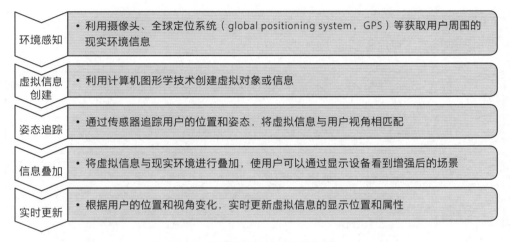

图 1-11　增强现实技术工作流程图

3）应用领域

在教育和培训领域，增强现实技术可以提供更生动、更直观的学习体验，如虚拟实验室、实地导航等。在医疗保健领域，增强现实技术可以为医护人员提供更精确有效的工具和方法。在文化遗产和建筑遗产方面，增强现实技术可以将虚拟的历史场景、文物遗址等信息叠加在现实世界中，为用户提供更丰富、更深入的文化体验。利用增强现实技术可以实现对建筑遗产的虚拟重建和虚拟导览，使用户能够在实地感受的同时，了解建筑的历史和文化内涵。

4）技术发展趋势

随着移动计算设备和传感器技术的进步，增强现实设备将变得更轻巧、便携和智能化，用户体验将得到进一步提升。同时，人工智能和机器学习技术的应用将使增强现实技术更加智能化和自适应，能够根据用户的行为和环境实时调整和优化用户体验。

1.3.2.4 人工智能技术

1）原理

人工智能技术的基本原理是模仿人类大脑的工作方式，通过算法和数据处理技术，使计算机系统能够感知、学习、推理和决策，包括机器学习、深度学习、自然语言处理、计算机视觉等。

2）工作流程

人工智能技术工作流程如图 1-12 所示。

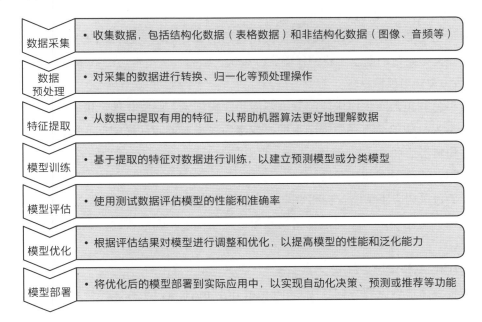

数据采集	• 收集数据，包括结构化数据（表格数据）和非结构化数据（图像、音频等）
数据预处理	• 对采集的数据进行转换、归一化等预处理操作
特征提取	• 从数据中提取有用的特征，以帮助机器算法更好地理解数据
模型训练	• 基于提取的特征对数据进行训练，以建立预测模型或分类模型
模型评估	• 使用测试数据评估模型的性能和准确率
模型优化	• 根据评估结果对模型进行调整和优化，以提高模型的性能和泛化能力
模型部署	• 将优化后的模型部署到实际应用中，以实现自动化决策、预测或推荐等功能

图 1-12　人工智能技术工作流程图

3）应用领域

人工智能被用于优化生产流程、提高生产效率和质量控制。通过智能化的数据分析和预测模型，企业可以实现资源的更有效利用和生产计划的更精准调整。在自动驾驶、机器人制造和智能制造系统的开发中，人工智能技术也发挥着重要作用。在文化遗产和建筑遗产领域，人工智能技术可以实现对历史文献和档案的自动化识别和分析，为建筑遗产的修复和保护提供重要的支持。人工智能技术还可以结合图像识别和语音识别等技术，实现对文物、古迹的智能化监测和管理，促进文化遗产的传承和保护。

4）技术发展趋势

随着硬件技术和算法的进步，未来的人工智能系统将具备更强大的学习能力和推理能力，能够实现更复杂的任务和更深层次的分析。其在文化遗产和建筑遗产领域的作用将变得越来越重要，给文化遗产的传承和保护带来新的机遇和挑战。

1.3.3　数智化保护技术综合集成平台

数智化保护技术综合集成平台是指利用现代数字技术，集成各种数智化手段和工具，以实现文化遗产的全面保护、传承和利用的平台。该平台整合了数字化技术、信息化管理和智能化分析等多种技术手段，通过数字化记录、虚拟展示、智能分析等功能，为文化遗产的保护、传播和研究提供全方位的支持。

根据功能和应用的不同，可以把数智化保护技术综合集成平台分为四种类型。这些类型涉及不同的技术和方法，以适应文化遗产保护的各种需求。

1）文档记录与信息管理平台

此类平台主要用于收集和存储关于文化遗产的详尽信息，包括历史文献、图像、视频以及三维模型等。它们便于资料的长期保存和快速检索，支持信息的数字化管理。

2）虚拟重建与展示平台

此类平台利用数字化技术，如三维扫描和建模技术，对文化遗产进行虚拟重建。其目的在于为失去原貌的遗产提供视觉再现，或者通过虚拟现实和增强现实技术，增强公众的互动体验和教育培训。

3）智能分析与决策支持平台

此类平台采用人工智能、机器学习、大数据分析等技术，对遗产状态进行监测和分析。它们可以预测文化遗产可能的退化路径和保护紧急程度，辅助管理者做出科学的保护和修复决策。

4）集成监测和维护平台

此类平台结合传感器、物联网（internet of things，IoT）和遥感技术，实时监控文化遗产的环境和物理状态，以便及时发现问题并采取维护措施。

上述平台类型通常在实际应用中相互融合，共同构成一个多功能的、综合的文化遗产数智化保护系统。每种类型的平台都在文化遗产保护和传承中扮演着独特而关键的角色。

1.3.4 建筑遗产数智化保护技术的特点

1）跨学科融合

数智化技术的应用可以将建筑遗产保护与信息科学、工程学、材料科学等多个学科进行紧密的联系。这种跨学科的融合不仅丰富了保护技术的工具和方法，而且拓展了研究视野，使得复杂问题的解决成为可能。例如，三维扫描和建模技术的引入，使得建筑和艺术品的细节可以被精确复制并用于分析，这是传统手工测量方法难以达到的。信息科学在数据分析和存储方面的应用，也极大提高了文化遗产信息的管理效率和准确性。在材料科学方面，数智技术能够帮助科学家和修复师更好地理解文化遗产材料的性质和变化过程，从而可以开发出更有效的保护和修复方法。跨学科的融合还促进了新的研究方法和教育模式的发展，如通过虚拟现实技术，使得公众和学者能够以全新的方式体验和学习文化遗产。

2）动态记录与更新

与传统的静态记录方法相比，数智化技术提供了一种能够持续记录和实时更新遗产信息的方式。这意味着遗产状态的任何变化都可以被及时捕捉和记录下来，从而为遗产保护提供了动态的、持续更新的数据支持。例如通过使用传感器监测技术，可以实时追踪文化遗产所处环境的变化，如温度、湿度、化学成分变化等，这些数据对于预防性维护和及时干预起到了重要作用。此外，随着动态记录数据的积累，研究人员可以分析长期趋势和模式，从而更深入地理解遗产的历史和发展过程，使得管理者和研究人员能够更加灵活和及时地响应遗产保护的需求。

3）风险评估与应急响应

数智化技术不仅可以提高文化遗产保护的安全性和效率，还可以增强对未来潜在威胁的预防能力。利用先进的监测和分析工具，专家可以对文化遗产面临的潜在风险进行更加精确的评估。通过及时收集和分析数据，可以预测和识别可能导致损害的因素，从而采取预防措施以避免或减少损害。当紧急情况发生时，数智化技术能够快速响应，提供关键信息以指导救援和修复工作。例如，在自然灾害后，迅速的三维扫描可以用于评估损害程度并规划修复工作。

4）沉浸式体验

数智化技术能够使文化遗产更加生动和易于接触。例如，虚拟现实和增强现实技术可以将用户带入历史场景中，提供沉浸式的体验。这种互动性和沉浸感能够激发公众对文化遗产的兴趣。社交媒体和在线平台提供了分享和讨论文化遗产的空间，使得文化遗产保护的信息能够迅速传播并引发公众讨论。这种信息的流通不仅提升了人们对文化遗产的认识，还促进了社会对保护工作的支持和参与。

5）全球遗产的互联互通

数智化平台不仅是信息库，也是活跃的文化交流中心。它们提供了对文化遗产的访问途径，鼓励全球范围内的文化对话和学术合作。这种数智化桥梁使文化遗产保护变成一个全球性的协作项目，各方可以共享资源、研究成果和保护经验。数智化技术加速了信息的传播，使文化内容的共享变得更加深入和多样化。在线展览、互动工作坊和社交媒体平台允许人们即时参与到世界各地的文化活动中，为文化理解和尊重提供了新的路径。数字技术的应用打破了传统文化遗产保护的边界，使得不同文化之间的交流和融合变得更加容易。这种文化的互动不仅丰富了各自的文化内涵，还促进了创新和文化多样性的发展。

1.4 上海建筑遗产的数智化保护

上海建筑遗产是指在上海地区形成的具有一定历史、艺术和科学价值的建筑及建筑群。这些建筑见证了上海的历史文化发展与社会变迁，是城市文化遗产的重要组成部分。本书的数智化保护研究对象既包括国家和地方相关法律法规中的文物建筑和优秀历史建筑，也包括具有代表性的广义建筑遗产。

1.4.1.1　上海近代历史建筑的出现

1843 年 11 月 17 日，根据《南京条约》和《五口通商章程》的相关条款，上海正式开埠。外国商品和外资纷纷涌进长江门户，开设行栈、设立码头、划定租界、开办银行。从此，上海进入历史发展的转折点，从一个不起眼的海边县城开始朝着"远东第一大都市"的方向迈进。

自 1843 年开埠至 1949 年中华人民共和国成立之间的这段特殊历史时期，上海的建筑风格融合了中西方建筑的特色，形成了典型的建筑风格。江苏的苏式建筑、浙江的木构建筑、安徽的徽派建筑等，它们的技艺和工艺在上海的建筑中均有所体现，影响了上海建筑的风格和特色。江苏、浙江和安徽地区与上海地理相邻，长期以来，人员、物资和文化交流频繁。这种交流促进了各地建筑风格的相互影响和融合，在上海建筑中形成了独特的混合风格，也反映了上海多元文化的特点。江苏、浙江和安徽地区的建筑风格通常与当地的地理环境、气候条件和社会文化密切相关。这些地区的建筑特色在适应上海的地理环境和气候条件时，对上海近代历史建筑的发展产生了一定的影响。

1.4.1.2　上海历史建筑的特点

（1）海纳百川的融合。海派文化尊重多元化，包容不同观点和文化，使其成为一种多元共存的文化现象。上海历史建筑融合了中西方建筑风格，吸收了各种文化元素，展现了上海作为国际大都市的开放姿态。

（2）坚守与开放的并进。海派文化开放包容，不仅吸纳了吴越文化等中国地域文化的精华，还融合了西方文化元素。上海历史建筑在保留传统特色的同时，也展现了对外来文化的开放态度，体现了海派文化的包容性和开放性。

（3）创新与卓越的追求。海派文化追求创新和卓越，善于扬弃传统，创造新的事物。上海历史建筑在设计和建造过程中，注重创新和改进，致力于打造具有时代特色和文化内涵的建筑作品，体现了海派文化对卓越的追求和创新精神。

（4）商业与文化的并存。上海作为国际商业大都市，海派文化与商业活动紧密结合，促进了文化艺术的发展和商业价值的实现。上海历史建筑不仅是商业活动的载体，也是文化艺术的重要表现形式，通过商业与文化的并存，上海历史建筑展现了上海作为国际大都市的独特魅力和活力。

1.4.1.3　上海近代历史建筑的发展时期

1）移植期（1843—1900）

这一时期属于萌芽阶段，主要以殖民地"外廊式"建筑为主流。受外国殖民地影响，上海的建筑开始采用外廊、横楼等西方建筑元素，形成了独特的建筑风格。

（1）英国领事馆。位于中山东一路 33 号的英国领事馆建于 1873 年，由英国工务局上海事务所的格罗斯曼和鲍伊斯设计，华商余洪记营造厂建造。共两层楼高，采用近似文艺复兴式建筑风格。建筑外观整体设计优雅，立面装饰精美，台基较高，底层设有五扇圆拱形窗，两侧房间窗户呈圆拱形，外立面布局整齐有序。原始外墙采用清水砖，现外墙已采用水泥粉刷，屋顶覆盖中国蝴蝶瓦。大楼东侧有宽敞的草坪，环境优美。1949 年后，该建筑曾作为中国国际旅行社上海分社的所在地，后来则被上海市外国投资工作委员会、上海国际经济贸易研究所等机构使用。1994 年，中山东一路 33 号被列为上海市优秀历史建筑（图 1-13）。

（2）格林邮船大楼（怡泰邮船大楼）。又名广播大楼，原为德商禅臣洋行所属，位于中山东一路 28 号，建于 1868 年，是一座"东印度式"两层楼建筑。经过第一次世界大战后，英商怡泰公司接管并于 1920 年重建，于 1922 年竣工。该大楼 7 层，高 27.5 m，占地 1 951 m²，建筑面积 12 825 m²。正门设计于北京东路 2 号，采用罗马拱券和花岗石古典柱式装饰。外墙使用花岗石贴面，屋顶设计了一座塔楼，仿巨轮上的瞭望台。1994 年，格林邮船大楼被列为上海市优秀历史建筑（图 1-14）。

2）成长期（1900—1925）

在这个时期，主流建筑风格是 19 世纪末逐渐流行于欧洲的新古典主义建筑。上海作为国际大都市，开始迎来大规模的现代化建设，许多建筑师开始将新古典主义的元素融入上海历史建筑中，使其更加典雅和精致。

（1）俄罗斯总领事馆。位于外白渡桥北侧，苏州河与黄浦江交汇处，建于 1916 年，占地 1 700 m²，建筑面积 3 264 m²，四层带阁楼，底层一半置于地下。大门两旁设古典式双立柱，第二、第三层有圆拱式与平拱式窗框，窗户之间设壁柱。屋顶采用双折四坡式，有弧线尖顶窗户，西侧楼顶设有两层楼高的瞭望塔，绿色铁皮穹顶。沿江设有堤岸，东侧建有六角凉亭，可观赏黄浦江与苏州河交汇处的景色。1989 年，俄罗斯驻上海总领事馆被列为上海市文物保护单位（图 1-15）。

（2）东方大楼。位于中山东一路 29 号，建于 1912 年，由英商通和洋行设计，法国东方汇理银行出资兴建。1956 年，大楼由上海市房管局接管，并更名为"东方大楼"。20 世纪末，中国光大银行上海分行成为大楼的租户。大楼的建筑立面做三段式的划分，正立面底层的门窗处理成高大的拱券，入口拱券内有一对塔司干式柱，楣部为希腊式楣构和巴洛克式涡卷，中部设有两根通贯二、三层的爱奥尼式壁柱，二层正中的窗户则采用帕拉蒂奥式组合。二楼窗外有廊式阳台。整个墙面的窗框设计不尽相同，使均衡的立面透出一丝寓动于静的艺术效果。大楼顶部出檐较深，檐口饰以精致花纹。1989 年，东方大楼被列为上海市第一批优秀历史建筑（图 1-16）。

3）发展期（1925—1937）

这一时期是上海近代经济发展的鼎盛阶段，也是房地产行业兴旺期。主流建筑风格逐渐转向现代主义风格的国际式建筑。许多优秀的近代建筑，如外滩的万国建筑群等，都建于这个时期，体现了上海历史建筑在设计和技术上的巅峰成就。

（1）上海大厦（百老汇大厦）。位于外白渡桥北侧，是一座八字式公寓结构的早期现代派建筑。上海大厦建于 1934 年，由英国设计师弗兰赛设计，英商投资建造，由主楼和副楼

图 1-13　英国领事馆

图 1-14　格林邮船大楼

图 1-15 俄罗斯总领事馆

图 1-16 东方大楼

组成，外观简洁明朗，气势宏伟，主楼原名"百尧江大厦"，副楼名为"浦江饭店"，曾接待多位国家元首及中外游客。1989 年，上海大厦被列为上海市文物保护单位（图 1–17）。

（2）国际饭店。位于南京西路 170 号，由中国民族资本四大银行共同投资，于 1934 年落成，匈牙利籍著名建筑师邬达克设计。国际饭店是一座 24 层的大楼，地下两层，地面以上高83.8 m，采用钢框架结构和钢筋混凝土楼板。采用工字形平面布置，立面设计以竖线条为主，前部 15 层以上逐层收进成阶梯状，造型高耸挺拔，曾是当时中国乃至亚洲最高的建筑，保持上海最高纪录长达半个世纪。1989 年，国际饭店被列为上海市优秀历史建筑（图 1–18）。

4）停滞期（1937—1949）

这段时期受到了上海孤岛时期和抗日战争的影响，建筑业发展较为停滞。由于人口剧增，主要是兴建里弄、公寓等住宅建筑，以满足人们的居住需求，而非大规模的商业或公共建筑。这一时期的建筑以功能性为主，风格多样，但整体上缺乏前几个时期的创新和繁荣氛围。

（1）开普敦公寓。位于武康路 246 号，是一栋建于 1940 年的历史悠久的建筑。它以法国投资者开普敦的名字命名，由华业工程股份有限公司负责施工建设。这座四层的砖混结构建筑体现了西方现代建筑风格的特色，于设计中巧妙融入了方形门窗和楼梯间独特的圆形窗洞，使其在武康路上被誉为"小熨斗楼"。因其独特的建筑价值，2017 年被列为上海市优秀历史建筑（图 1–19）。

（2）阿麦仑公寓。位于高安路 14 号，于 1941 年建成。它的建筑高度为 22.38 m，由法国设计师赛安倾心打造。这座六层混合结构的住宅建筑是上海现代主义风格公寓建筑的一个典型代表。其平面设计呈弧形，立面覆盖着黄色面砖，并点缀着白色花台、窗套和挑檐线条，展现出简洁流畅的现代建筑美学。1994 年，阿麦仑公寓被认定为上海市优秀历史建筑（图 1–20）。

1.4.2 上海建筑遗产保护的意义

1.4.2.1 保护的意义

正如建筑学家梁思成在其著作《中国建筑史》中讲道：建筑作为一种文化现象，随其国其俗、思想制度、政治经济之趋向，且建筑作为一种固定的艺术载体，其活动与民族文化之动向实相牵连，互为因果。

古建承载历史，上海近代历史建筑承载了上海约两百年兼容并蓄、海纳百川的文化历史。老建筑、老街区是城市记忆的物质留存，是人民群众的乡愁见证，是城市内涵、品质、特色的重要标志，具有不可再生的宝贵价值。

刘易斯·芒福德撰写的《城市文化》曾被认为是"区域–城市规划的圣经"，文中认为城市如同一个文化的容器，具有三个基本使命，分别是储存文化、流传文化和创造文化。我们对上海建筑遗产的保护，有利于对这座城市文化的储存、流传和进一步的创造。对于

图 1-17　上海大厦

图 1-18　国际饭店

图 1-19　开普敦公寓

图 1-20　阿麦仑公寓

上海建筑遗产的数智化保护是顺应当前文化与技术背景的一项重要工作。

1.4.2.2　保护的法规依据

（1）法律法规的保护。政府出台相关法律法规，明确对上海建筑遗产的保护政策和措施。

（2）列入保护名录。将具有历史、文化、艺术价值的上海建筑遗产列入国家、地方或区域性保护名录，赋予其法律保护地位。

（3）修缮和维护。对上海建筑遗产进行定期的修缮和维护工作，保持其原有的风貌和特色。修缮和维护工作应当遵循专业的建筑保护原则，尽量保留建筑的原貌和历史痕迹。

（4）公众教育与意识提升。加强对公众的历史文化教育，提升人们对上海建筑遗产的认知和重视程度。通过举办展览、讲座、文化活动等形式，增强公众对上海建筑遗产保护的意识，形成社会共识。

（5）合理利用与再生利用。在保护上海建筑遗产的同时，积极探索其合理利用和再生利用的途径。可以将上海建筑遗产改建成文化创意产业基地、艺术空间、民宿酒店等，实现建筑遗产的功能性与经济性的双重目标。

（6）国际交流与合作。加强与国际组织和其他国家的交流与合作，借鉴国际经验，共同探讨上海建筑遗产保护的有效途径和方法。通过国际交流与合作，拓展上海建筑遗产保护的视野，提升其国际影响力。

1.4.3　上海建筑遗产保护的方法与手段

1）数字化测绘技术

数字化测绘技术的发展为上海建筑遗产的保护提供了先进的工具和方法。从传统的航空摄影到现代的三维激光扫描和摄影测量技术，数字化测绘技术能够高效、详细地记录建筑的几何和纹理信息。

（1）三维激光扫描。用于精准获取建筑外部和内部的点云数据，生成三维模型，帮助保护工作详细记录建筑的现状。

（2）摄影测量。通过图像数据获取建筑的空间信息，结合计算机图形学生成三维模型，便于分析和展示。

（3）无人机和倾斜摄影。用于大范围的建筑拍摄，获取详细的立体数据，提高测绘效率和精度。

2）修缮工艺和材料的数智化

修缮工艺和材料的数智化是保护建筑遗产的关键环节。随着传统工艺的失传和材料配比的遗失，数智化技术可以做到以下几点：

（1）记录和整合传统工艺。通过数智化手段保存工艺细节，建立工艺样本库，为修缮提供参考。

（2）数字化传承。将传统修缮工艺和材料信息转化为数字格式，利用虚拟现实等技术展示和传播。

（3）工艺可视化。通过三维建模和其他可视化技术，展示修缮工艺的实际效果，提高修缮方案的准确性。

3）数智化预防性保护

数智化预防性保护的核心在于风险评估和预防性维护，可以转变传统的修复模式，采用主动预防措施，减少建筑的维修频率和成本。

（1）损伤病害数据库。建立上海建筑遗产的病害数据库，总结常见损伤类型，明确其成因和表征，制定针对性的预防措施。

（2）结构数智化监测。研发非接触式监测技术，建立基于多源点云数据的监测模型，进行实时数据分析和风险评估。

（3）预防性保护管理平台。搭建数智化管理平台，进行损伤数据建模、智能识别与预警，形成"电子病历"和病害处置档案，实现长期监测和维护。

参考文献

[1] 常青. 对建筑遗产基本问题的认知[J]. 建筑遗产, 2016（1）: 44-61.

[2] 徐宗武, 杨昌鸣. 历史建筑价值再认识[J]. 建筑学报, 2011（S2）: 103-106.

[3] 中国政府网. 国务院公报2021年第26号[EB/OL]. （2021-09-03）[2024-01-16]. https://www.gov.cn/gongbao/content/2021/content_5637945.htm?eqid=e78ae94a0006489300000002646187dc.

[4] 上海市规划和自然资源局网. 政策法规[EB/OL]. （2019-09-26）[2024-01-16]. https://ghzyj.sh.gov.cn/nw2508/20231011/3ebd9e6592054f96ad79651107485914.html.

[5] 住房和城乡建设部网. 政策文件库[EB/OL]. （2012-12-12）[2024-01-16]. https://www.mohurd.gov.cn/gongkai/zhengce/zhengcefilelib/201212/20121219_212337.html.

[6] 徐宗武, 杨昌鸣, 王锦辉. "有机更新"与"动态保护"——近代历史建筑保护与修复理念研究[J]. 建筑学报, 2015（S1）: 242-244.

[7] 中央政府门户网站. 热点专题[EB/OL]. （2010-03-06）[2024-09-28]. https://www.gov.cn/2010lh/content_1549077.htm.

[8] 韩冬青. 在地建造如何成为问题[J]. 新建筑, 2014（1）: 34-35.

[9] 常青. 历史建筑修复的"真实性"批判[J]. 时代建筑, 2009（3）: 118-121.

[10] 刘沛林, 邓运员. 数字化保护: 历史文化村镇保护的新途径[J]. 北京大学学报（哲学社会科学版）, 2017, 54（6）: 104-110.

[11] 石庆秘. 武陵地区文化遗产数字化保护——以唐崖土司王城遗迹为个案[J]. 前沿, 2010（18）: 177-180.

[12] 黄永林, 谈国新. 中国非物质文化遗产数字化保护与开发研究[J]. 华中师范大学学报（人文社会科学版）, 2012, 51（2）: 49-55.

[13] 刘秀涵, 张朋东. 基于三维激光扫描技术的古墓数字化保护方法[J]. 测绘通报, 2023（12）: 174-177.

[14] 陈博, 刘孝雨. 文化遗产领域虚拟仿真工作的回顾与展望[J]. 文博, 2023（5）: 105-112.

[15] 刘延斌. 虚拟现实技术对古建筑遗址复原的数字化保护[J]. 建筑结构, 2022, 52（12）: 160-161.

[16] 孙磊. 重庆近现代优秀建筑数字技术分级保护策略研究[J]. 美与时代（城市版）, 2015（10）: 19-20.

[17] 徐彤阳,琚涵斐.德国图书馆在文化遗产数字化保护中的作用与启示[J].国家图书馆学刊,2023,32(1):79-88.

[18] 马晓娜,图拉,徐迎庆.非物质文化遗产数字化发展现状[J].中国科学:信息科学,2019,49(2):121-142.

[19] 黄浩.数字经济带来的就业挑战与应对措施[J].人民论坛,2021(1):16-18.

[20] 陈曾.从故宫文创谈我国文创产业的创新之路[J].设计,2017(19):68-69.

[21] 荆涛,王仲.光学字符识别技术与展望[J].计算机工程,2003(2):1-2,80.

[22] 王栋.人工智能OCR技术的应用研究[J].电子技术与软件工程,2022(1):122-125.

[23] 王盼盼.计算机图像处理的应用与发展探究[J].信息记录材料,2024,25(2):48-50.

[24] 胡佳.数字图像处理技术在古陶瓷研究中的应用[J].电子技术,2023,52(11):200-203.

[25] 缪小芬.计算机图像处理技术在融媒体视觉传达中的应用[J].电视技术,2024,48(1):155-159.

[26] 王万发.无人机倾斜摄影测量技术在房地一体测绘中的应用[J].测绘与空间地理信息,2024,47(3):173-175,179.

[27] 李平山.影像RTK与无人机相结合的融合建模在建筑遗产测绘中的应用[J].测绘与空间地理信息,2024,47(2):170-172,176.

[28] 朱冬.协同三维激光扫描技术和倾斜摄影测量的历史建筑建档[J].华北自然资源,2024(1):88-93.

[29] 张泽兴,夏志华,李浩.倾斜摄影测量与BIM在智慧城市建设中的应用[J].城市建设理论研究(电子版),2024(7):214-216.

[30] 倪小磊,刁璇.装配式建筑三维激光扫描重建技术[J].激光杂志,2022,43(9):178-182.

[31] 李捷斌,王宁,赵春晨.三维激光扫描仪在建筑物精细重建中的应用[J].测绘通报,2023(8):126-129.

[32] 孟凡效,权冉冉,丁乐乐,等.三维激光扫描和倾斜摄影技术在老旧建筑物提升改造项目中的应用[J].测绘通报,2022(S2):212-217.

[33] 孔令惠,陆德中,叶飞.三维激光扫描技术在历史建筑立面测绘中的应用[J].测绘通报,2022(8):165-168,172.

[34] 高嵩,赵福政,刘晓晖.国外虚拟现实(VR)教育研究存在的问题与启示[J].中国电化教育,2018(3):19-23,73.

[35] 王之千.VR的再进化——虚拟现实背景下昆山千灯古镇保护与更新研究[J].美术大观,2020(5):116-119.

[36] 吕燕茹,郝汀萱,易周恒一.基于艺术沟通模式的VR展览设计研究[J].包装工程,2023,44(S1):29-33.

[37] 孙可.基于"VR+文化"的毗卢寺壁画保护与传播策略[J].包装工程,2023,44(6):320-327.

[38] 史晓刚,薛正辉,李会会,等.增强现实显示技术综述[J].中国光学,2021,14(5):1146-1161.

[39] 蔡苏,张静.增强现实(AR)技术变革教育教学[J].人民教育,2023(9):33-37.

[40] 张妮,徐文尚,王文文.人工智能技术发展及应用研究综述[J].煤矿机械,2009,30(2):4-7.

[41] 付翔,秦一凡,李浩杰,等.新一代智能煤矿人工智能赋能技术研究综述[J].工矿自动化,2023,49(9):122-131,139.

[42] 钟明,杨旭超,王佳丽.基于AI图像处理的蜀锦、蜀绣创新设计技术及应用[J].纺织科技进展,2024,46(3):56-59.

[43] 钱岭.人工智能技术研究实践与产品规划战略思考[J].电信工程技术与标准化,2020,33(5):1-7.

[44] 曹亚苹.基于非物质文化遗产数字化保护的平台设计研究[D].上海:华东理工大学,2016.

[45] 邵秀英,李昭阳,王向东.传统村落数字化保护的功能设计和路径——以山西省传统村落数字信息平台为例[J].小城镇建设,2021,39(1):48-55.

[46] 安芳,楚方君.历史建筑数字化保护关键技术研究[J].砖瓦,2020(12):90-91.

[47] 黄永林.数字化背景下非物质文化遗产的保护与利用[J].文化遗产,2015(1):1-10,157.

[48] 郑时龄.上海近代建筑风格[M].上海:上海教育出版社,1999.

[49] 梁思成.中国建筑史[M].天津:百花文艺出版社,2005.

第 **2** 章

建筑遗产
数字化测绘

数字化测绘技术的发展可以追溯到计算机图形学的起源，自 20 世纪 70 年代光栅显示器诞生起，随着计算机性能的提升、计算机图形学算法的不断创新、传感器技术的进步和新型测绘设备的出现，数字化、自动化、智能化测绘逐渐成为可能。数字化测绘技术的发展经历了从传统的航空摄影到现代的倾斜摄影、点云获取等阶段。近年来，随着无人机、倾斜摄影相机等设备的普及和技术的进步，数字化测绘技术得到了广泛应用和快速发展。本章从数字化测绘技术的原理出发，结合上海地域特点讲述了建筑遗产分级分类测绘的体系、方法和精度要求，介绍了测绘成果的处理方式及进一步的应用方法。由此形成的现状图纸能够以二维平面的形式记录建筑尺寸和细节，指导保护修缮设计施工；形成的三维模型通过后处理能够实现 VR 漫游、可视化展示、单元化管理、事件映射等平台化应用，拥有广阔的应用前景。

2.1 数字化测绘技术

数字化测绘是一种基于计算机图形学和摄影测量学的技术，通过收集大量的图像或激光点云数据，再经过处理和融合，生成高度逼真的三维场景。其中，摄影测量学主要用于获取相机位置和姿态的参数，而计算机图形学则负责将图像数据转化为三维模型。建筑遗产保护方面，测绘的目的是完整、详细地记录建筑的几何、纹理信息，留存历史原貌数据，指导后续的保护工作；数字化测绘技术使高效采集原貌数据成为可能。

2.1.1 三维激光扫描技术

1）技术原理

三维激光扫描仪主要由一台高速、精确的激光测距仪，搭配一组可以引导激光并以均匀角速度扫描的反射棱镜组成。激光测距仪主动发射激光脉冲信号，经物体表面漫反射后，沿几乎相同的路径反向传回到接收器，从而可以进行测距。针对每一个扫描点可测得测站至扫描点的斜距，再配合扫描的水平和垂直方向角，如果测站的空间坐标是已知的，就可以得到每一扫描点与测站的空间相对坐标。

以徕卡某型号三维激光扫描仪为例，如图 2-1 所示，该扫描仪是以反射镜进行垂直方向扫描，水平方向则以伺服马达转动仪器来完成水平 360° 扫描，从而获取三维点云数据。三维激光扫描测量一般为仪器自定义坐标系，X 轴在横向扫描面内，Y 轴在横向扫描面内与 X 轴垂直，Z 轴与横向扫描面垂直。目标点 P 与扫描仪距离 S 取得后，控制编码器同步测量每个激光脉冲横向扫描角度观测值 α 和纵向扫描角度观测值 β，最终获得目标点 P 在自定义坐标系内的坐标。

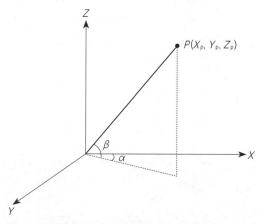

图 2-1 三维激光扫描点云坐标解算基本原理

2）技术优势

（1）非接触式测量。该技术不需要与物体直接接触，避免了可能对物体造成的损害，并且适用于各种形状和尺寸的物体及复杂的空间结构。

（2）高效准确。能够快速准确地获取物体三维几何形状信息，相比传统测绘方法提高了数据采集的效率。

（3）高精度。数据采集的精度高，能够达到 ±1 mm 的精度，确保了测量的准确性。

（4）信息丰富。不仅能获取物体的三维形状数据，还可以包括颜色、纹理、透明度等信息，提高了数据的实用性。

（5）适用性强。受外界影响较小，可以在不同的环境下进行测量，包括无光条件。

（6）成果多样。一次测量可以得到多种成果，便于后续处理和应用。

（7）安全性高。非接触式测量可以远离危险区域，保障设备和人员的安全。

（8）数据获取自动化。扫描仪高度智能化，可以实现一键式操作，提高了工作效率。

3）技术局限性

（1）扫描范围限制。三维激光扫描的扫描范围受到设备本身性能和被扫描物体的限制。设备的扫描范围一般不会太大，因此对于较大的物体或场景，需要进行多个扫描点的组合才能得到完整的三维模型。此外，在扫描过程中，如果物体表面存在反射、透明等特殊材质，会导致激光信号被反射或穿透，从而影响扫描效果。

（2）扫描效果受影响。移动三维激光扫描的扫描效果受到多种因素的影响，如采样率、扫描速度、扫描角度等。其中采样率是影响扫描精度的重要因素，采样率越高，所得到的数据越精细，但同时也会增加数据量和处理难度。此外，在扫描时，扫描仪的运动速度也会影响扫描效果。如果速度太快，可能会导致部分区域缺失或扫描精度不足。

（3）数据需经后期处理。移动三维激光扫描所得到的数据需要经过后期处理才能得到完整的三维模型。数据处理包括点云数据处理、数据配准、数据融合等步骤，需要耗费较高的时间和人力成本。而且，如果扫描区域较大，所得到的数据量也会很大，需要使用高性能的计算机进行处理，对于普通的电脑或手机等设备来说可能无法承受。

2.1.2 摄影测量技术

按照拍摄点与被摄物的距离不同，摄影测量技术可以细分为航空摄影测量、倾斜摄影测量、贴近摄影测量三类。

2.1.2.1 航空摄影测量

航空摄影测量技术是指利用航空器进行摄影测量的一种技术，通过获取航空摄影图像，再根据摄影测量的方法和原理，获取地面特征的空间位置和信息。因航空器飞行高度较高，常在 200 m 以上，甚至通过卫星进行航空摄影，所以该技术常应用于地理信息测绘领域。在建筑遗产保护领域，可用于获取大场景数据。

1）技术原理

航空摄影测量技术的基本原理是利用航空摄影机在航空器上拍摄地面目标，从而获得影像数据。这些影像数据经处理后，可以用来获取地面目标的位置、形状和空间分布等信息。

（1）摄影测量的空间几何原理。航空摄影测量利用小孔成像原理，即通过摄影机的像平面和物平面之间的尺度关系，将物体在物空间和影像空间之间建立起几何对应关系。通过测量摄影片上的特征点在像片上的位置，再根据物空间中这些特征点的实际位置，就可以计算出物体在物空间中的位置。

（2）摄影测量的平差原理。航空摄影测量中，经常需要解决影像的内部和外部定向问题。内部定向问题是指确定像平面与摄影平面的对应关系，即像点的坐标与像平面上某一点的坐标之间的关系。外部定向问题是指确定摄影平面与地面之间的对应关系，即像平面上的像点与地面上的特征点之间的关系。为了解决这些问题，可以通过像点属于摄影平面、光线从摄影中心发出等条件来进行计算。

（3）摄影测量的模型与标定原理。航空摄影测量中，常使用的摄影测量模型是透视投影模型。这个模型基于透视几何原理，并以摄影中心为中心进行建模。在使用透视投影模型进行摄影测量时，需要进行标定，即通过摄影测量器和地面控制点之间的对应关系来确定透视投影模型的具体参数。

2）技术优势

（1）高效性。航空摄影测量可以从空中快速获取大量的航空影像数据，相比传统的地面调查方法，效率更高。同时，航空摄影测量可以对大范围地区进行覆盖，适用于区域性和全球性的地面特征分析。

（2）精度较高。航空摄影测量技术在摄影测量模型、定向方法和数学算法等方面取得了很多创新和进展。通过对摄影影像数据的处理，可以实现高精度的地面特征提取和测量。航空摄影测量还可以结合其他高精度定位和测绘技术，进一步提高测量结果的精度。

（3）非接触性。航空摄影测量技术是一种非接触性的测量方法，可以避免对地面目标的破坏和不便，使得航空摄影测量在环境监测和文物保护等领域具有很大的优势。

（4）多源数据融合。航空摄影测量可以融合多种数据源，如航空遥感图像数据、全球定位系统（GPS）定位数据、激光雷达数据等，从而获取更全面、多维度的地理空间信息，为地理信息系统的建立和应用提供更多的数据支持。

3）技术局限性

航空摄影测量由于航空器飞行高度很高，获取的数据精度是三类摄影测量方式中最低的，仅可记录粗略的建筑遗产俯瞰外貌，无法反映建筑立面以及更精细的建筑细节。

2.1.2.2　倾斜摄影测量

倾斜摄影测量通过无人机搭载镜头，在 50～200 m 的空中对地面对象进行摄影测量，凭借其获取数据量大、测量效率高的优势在土地调查、河湖治理、工程测量、建筑施工、交通规划、农业林业等多个大空间尺度的领域受到广泛的关注和应用。传统的航空摄影测量技术从空中垂直摄影，获取的主要是被测物体顶部的信息，对被测物体侧面信息的获取十分有限，多用于对地形的测量，具有一定局限性。倾斜摄影测量技术是近十几年发展起来的，除了一个垂直方向之外补充四个倾斜角度，从五个不同的视角同步采集影像，从而获取被测对象顶面及侧面的三维坐标及高分辨率纹理数据，能够真实地反映地物情况，高精度地获取对象的坐标及纹理信息。

1）技术原理

倾斜摄影测量的基本原理可以分为"摄影"和"测量"两个部分。

摄影部分与日常生活中的拍照相同，就是通过相机获取被测物体的数字图像，在倾斜摄影中随着无人机的飞行通过一个垂直、四个倾斜的镜头进行大量的摄影，其实质就是将被测物体的三维坐标及色彩纹理向平面投影的过程，被测物体的三维信息数据在此过程中向平面内堆叠，形成像片。

测量部分和传统意义上的测量概念一致，只是测量的对象由对象实体变为对象的数字图像，需要通过"测量"被测物体的数字图像来获取被测物体的三维数据，其实质是投影的逆过程。光束法区域网空中三角测量是"测量"倾斜摄影像片的常用方法，以投影中心点、像点和相应的地面点三点共线为条件，以单张像片为解算单元，借助像片之间的公共点和野外控制点，把各张像片的光束连成一个区域进行整体平差，解算出加密点的坐标。由像片上每个像点的坐标观测值可以列出两个相应的误差方程式，按最小二乘准则平差，求出每张像片外方位元素的 6 个待定参数，即摄影站点的 3 个空间坐标和光线束旋转矩阵中 3 个独立的定向参数，从而得出各加密点的坐标，获得被测物体的三维信息。

2）技术优势

（1）高效的区域级测量技术。无人机航拍不受地面障碍物的限制，可以高效地获取特定区域内的所有对象数据，极大地提高信息采集效率。

（2）数据真实丰富。多角度观察被测对象，更加真实地反映实际情况，获取被测物体的三维坐标及表面纹理等数据。

（3）数据量相对较小，便于共享。相比三维 GIS 技术应用庞大的三维数据，应用倾斜摄影技术获取的影像的数据量要小得多，其影像的数据格式可采用成熟的技术快速进行网络发布，实现共享应用。

（4）成果可实现测绘级应用。通过配套软件的应用，可直接基于成果影像进行高度、长度、面积、角度、坡度等的测量，实现倾斜摄影技术的测绘级应用。

3）技术局限性

倾斜摄影测量由于其采集方式特点也有一定的局限性。其常规航线高度为 50～100 m，对被测对象数据的采集相比三维激光扫描分辨率较低，且易受环境的地形及航线的限制；其数据获取角度为自上而下，虽与传统的正射视角相比已有一定的倾斜角度，但对于被测物体中法线方向朝向地面的表面，往往由于其无法获取相关数据，会造成模型的局部畸变。

2.1.2.3 贴近摄影测量

随着无人机技术的高速发展，无人机摄影测量从固定翼到旋翼，从垂直摄影到倾斜摄影，进而到多视摄影。如今获取影像数据的技术手段呈现出了丰富性与多样性。大受行业追捧的五相机倾斜摄影虽能提供多角度影像数据，但其影像数据的有效利用率较低，往往产生大量的多余影像。贴近摄影测量正是一种将无人机云台姿态控制与航测高精度定位技术的优势充分结合后衍生而出的摄影测量方式。在该方式中，人工操控无人机或规划航飞路线，将拍摄点与被摄物的距离降低到 50 m 以内，甚至贴近到 1 m，使相机直接对准建筑遗产屋顶、立面完成影像采集工作。

1）技术原理

贴近摄影测量的基本原理与倾斜摄影测量相同，这里不再赘述，其与倾斜摄影测量的不同点在于无人机的高精度定位、三维航迹规划和云台姿态控制。

（1）无人机高精度定位。高精度定位技术，是指通过先进的卫星导航系统、接收机技术以及数据处理算法，实现对无人机精确、快速、稳定的定位。传统的定位技术主要包括GPS、北斗卫星导航系统等，能够实现厘米级甚至亚厘米级的精度；惯性导航系统利用先进的惯性传感器来测量飞行器的速度、加速度和姿态角，从而实现飞行器的精确定位，但是惯性导航系统在长时间的运行中会产生累计误差，需要通过外部的校准来保证精度；视觉定位技术利用飞行器上的相机对地面景物进行拍摄和识别，更加适用于复杂环境中的飞行任务，但是对硬件和算法要求都较高。

（2）无人机三维航迹规划。指在一定的环境下，给定无人机起点、途经点和终点，通过一些算法、控制、优化方法等来寻找一条安全、动态可行、最优的路径，使无人机按照贴近摄影测量需求完成航拍任务。无人机三维航迹规划大致可分为三个阶段：第一阶段是预处理阶段，在远离被摄物表面一定距离的位置指定途经点，约束无人机的大致飞行路线；第二阶段是查询阶段，从路径的起点到目标点进行节点的搜索，节点应该满足避开障碍物、路径长度小、时间短等，对于特定的约束，还需要满足约束的限制；第三个阶段就是轨迹优化，第二阶段得到路径存在不够平滑、靠近障碍物、能源消耗大等问题，进行二次的轨迹优化，可以使得到的路径适合无人机自主移动、远离障碍物、避免转弯时停下来、避免速度及高阶动力学状态的突变。三个阶段完成后，可以得到一条平滑、安全、动态可行的最优轨迹。

（3）无人机云台姿态控制。无人机云台控制通过激光陀螺仪、加速度传感器和电机控制系统实现。激光陀螺仪用于感测云台的角度变化，而加速度传感器用于感测云台的线性加速度变化。云台通过电机控制系统根据传感器的反馈信号对云台进行调整。当无人机飞行时，云台会根据飞行的姿态变化来自动调整。通过这种方式，无人机云台可以使相机保持稳定，提供清晰、平稳的视频和图像拍摄效果。

2）技术优势

（1）高效的对象级测量技术。无人机航拍不受建筑形态、高度的限制，可以高效地获取特定区域内的所有对象数据，极大地提高了信息采集效率。

（2）数据精细度更高。贴近观察被测对象，更加详细地反映实际情况，获取被测物体的三维坐标及表面纹理等数据。

（3）成果可满足建筑遗产保护需求。通过配套软件的应用，可直接基于成果影像进行高度、长度、面积、角度、坡度等的测量，且真实反映建筑细节。

3）技术局限性

由于贴近摄影测量需要与建筑遗产保持较近的距离采集数据，在建筑周围环境复杂、有树、电线、灯杆等障碍物难以避免时，会对航迹规划造成极大的难度，导致无法贴近飞行。

2.2　数字化测绘技术应用

2.2.1　分级分类测绘

2.2.1.1　测绘对象分类体系

对建筑遗产测绘对象进行体系分类，是为了更好地认识和保护建筑的价值和特征，以及为其修复和利用提供依据。建筑遗产是由实体和空间统一构成的，为了有效地指导对建筑遗产的三维数据采集与存档等工作，针对上海地域特点将建筑遗产按照空间类型分类，建立通用的上海建筑遗产测绘对象分类体系，针对建筑遗产原始资料缺失、外形纹理特征复杂的特点，需要考虑不同尺度对象的特征呈现需求，见表2-1。

表2-1　上海建筑遗产测绘对象分级体系

层　级	特征呈现需求
区域级	关注重点：建筑群的整体布局及周边环境 呈现需求：单体细节
单体级	关注重点：建筑外观及内部空间分布 呈现需求：构件细节
特色部位级	关注重点：特色部位的外观、构成、材质等 呈现需求：平面纹理细节
特色构件级	关注重点：特色构件的外观、构成、材质等 呈现需求：立体纹理细节

1）区域级

建筑遗产区域是范围最大的级别，涵盖了建筑遗产以及周边建筑情况、街道、绿化等各种环境信息，这些信息通常具有共同的历史、文化和风貌特点。

2）单体级

建筑单体包括建筑本体对象，即室内框架布局、室内空间结构（如墙面、顶面、地面等），以及附属于建筑本体对象的碑刻、凉亭、假山石等独立构筑物。

3）特色部位级

建筑遗产的特色部位是其建筑风格、装饰细节、文化历史意义的体现。建筑遗产的特色部位通常具有独特的美学价值和文化内涵，反映了不同的时代、地域和民族的特征。同时，建筑遗产的特色部位往往是其设计和装饰的亮点，包括特色屋顶、窗台、檐口、楼梯等重点部位。

4）特色构件级

建筑遗产的特色构件是在建筑历史上具有代表性或独特性的建筑元素，如柱、梁、拱、顶、窗、门等。这些构件不仅具有承重或装饰的功能，而且反映了建筑的风格、文化和时代特征。建筑遗产的特色构件是其重要组成部分，也是建筑史研究的重要依据。

2.2.1.2　适应性测绘方法

对不同建筑遗产的测绘方式需要根据三维数据采集方法在不同场景下的适用特点来进行考量，因为不同的场景对于数据采集有着各异的要求，只有明晰这些特点，才能更好地开展后续工作。同时，紧密地结合上海建筑遗产四种层级对象所独具的空间形制特征，建立契合实际需求的适应性测绘方法，见表 2-2，可为上海建筑遗产的研究与保护提供坚实的技术支撑。

表 2-2　上海建筑遗产适应性测绘方法

层级	测 绘 方 法	目标距离 /m	说　明
区域级	倾斜摄影测量 移动式三维扫描	50～200	适用于测绘范围大、精度要求较低的数据采集，如获取建筑群落布局、周围环境情况等
单体级	贴近摄影测量 移动式 / 站式三维扫描	5～50	适用于测绘目标较大、精度要求较高的数据采集，如获取建筑的整体外观尺寸、形制特征等
特色部位级	近景摄影测量 站式 / 手持式三维扫描	<5	适用于测绘目标较小、纹理简单对象的数据采集，如建筑室内的外观尺寸、形制特征等
特色构件级	近景摄影测量 手持式三维扫描	<0.4	适用于测绘目标较小、纹理极为复杂对象的数据采集，如建筑一些精致构件的外观尺寸、形制特征等

1）区域级测绘方式：倾斜摄影测量＋移动式三维扫描

区域级的信息需求主要是指能体现建筑遗产群落的整体规划布局以及周边环境，对于单体建筑和周边环境对象的精细特征并无过高的要求，因此可采用无人机倾斜摄影搭配背包、车载式移动三维扫描仪等方式进行快速、低精度的数据采集，从而在满足数据应用的同时具备较高的数据采集效率。倾斜摄影测量技术通过在飞行平台上搭载五个角度的传感器采集影像数据，是一种大范围、高精度的新型采集技术，避免了现场大量的人工作业，被广泛运用于城市规划、交通管理、环境保护等领域，适用于区域级的数据采集。移动式三维扫描技术则适用于复杂环境和无人机难以到达的区域，能够在短时间内快速获取大量数据；移动式三维扫描与无人机结合使用，可以从地面到物体顶部获取全方位的数据。

2）单体级测绘方式：贴近摄影测量＋移动式／站式三维扫描

单体级的信息需求主要是能体现建筑遗产单体的空间分布、外观特点及构件的样式，建筑遗产的构件各具特色、纹理特征明显，需要表达构件级的特征，而对于表面的纹理细节精度并无过高的要求。建筑本体情况的测绘范围比较固定，且数据仅要求能够展示建筑的几何比例和建筑风貌特征，因此可根据精度要求采用移动式或者固定站式三维扫描仪进行多次设站测量，移动式扫描仪数据采集耗时短、速度快，而固定站式扫描仪相比移动式扫描仪虽然效率降低，但能够以更高精度获取物体表面的数据，捕捉到建筑更丰富的细节信息；另外对于建筑的顶部结构，由于站式扫描无法便捷设站，因此需要搭配无人机贴近摄影测量来获取数据，保证建筑本体测绘数据的完整性。

3）特色部位级测绘方式：近景摄影测量＋站式／手持式三维扫描

特色部位级的信息需求主要是能体现部位的外形和材质纹理，特色部位的表面纹理细节不多，表达平面纹理级特征即可，可以采用平滑几何体和纹理特征照片来表征相应部位。此类数据主要用来展示特殊构造部位的造型设计和几何数据，对数据精度要求较高，可采用站式三维扫描对不同距离尺度的各处对象进行不同精度要求的数据采集，同时搭配手持式三维扫描，对因遮挡而无法采集到的部位进行补测。对于屋顶及较高处的特色构造部位，由于站式扫描搭配手持式扫描的方式无法便捷采集数据，因此需要利用无人机近景摄影测量技术获取该部位数据；另外对于具有独特纹理、色彩的建筑构造，需借助近景摄影测量技术获取其丰富的语义信息。

4）特色构件级测绘方式：近景摄影测量＋手持式三维扫描

特色构件表面纹理复杂，需原位复现其外观、构成、材质、纹理等特征细节，表达立体纹理特征，需基于其空间数据进行模型构建并映射原位纹理，需要高精度的数据支持。因此可采用手持三维激光扫描技术，辅助单反相机对构件纹理进行采样。使用手持式三维扫描设备对各个特殊构件进行精细的空间三维数据记录，同时对于纹理、色彩等语义信息丰富的部位，需要借助近景摄影测量技术来进行高分辨率的语义信息捕捉，适用于特色构件级的数据采集。

2.2.1.3　多尺度数据采集精度要求

在建筑遗产全景式测绘的实践中，统一分辨率采集往往会带来数据冗余的问题，或是对于特色部位可能存在数据密度不足的情况。将上海建筑遗产测绘对象分类体系和适应性测绘方法相结合，并在此基础上制定了相应的三维数据适应性采集精度标准，如此便可适用于不同上海建筑遗产中各类测绘对象对于数据精度的要求，使得数据尽量精简、避免冗余，同时还能够满足后续对数据的处理、分析与应用等方面的需求。

1）摄影测量技术关键参数及说明

（1）模型分辨率。其反映的是摄影测量重建模型的观感质量，由模型纹理分辨率定义，其中模型纹理分辨率在满足影像重叠度的情况下，其值约是影像地面分辨率（GSD）的1/3。影像地面分辨率计算公式如下所示：

$$GSD=\frac{H}{F}\times a \qquad (2-1)$$

式中　F——摄影镜头的焦距；

　　　a——像元尺寸的大小；

　　　H——摄影距离（航高）。

（2）模型精度。其反映的是摄影测量重建模型的几何精度，主要有模型平面精度、高程精度、高度精度以及长度精度，而影响模型精度的因素有飞行质量（航线重叠度、航线高差等）、影像质量（GSD、清晰度等）以及像控点精度等。

因此，对于摄影测量技术，在数据采集过程中，需根据不同相机参数调整摄影距离以获取合适分辨率的影像，满足最终数据应用要求。

2）三维激光扫描技术关键参数及说明

对于三维激光扫描获取的点云数据，其最小点云间距与点云质量是主要的精度参数。最小点云间距描述能区分目标的细微程度，而点云质量则是描述点云的平面一致性，点云越薄，描述特征时越准确，点云质量越高。

对于目前主流的硬件设备，都设置了"分辨率"和"质量"两个可供调节的参数，其中"分辨率"参数控制在一定的扫描距离下其获取点云的最小间距，"质量"参数控制获取点云的平面一致性。在三维激光扫描数据采集时，根据扫描对象及应用需求确定预设最小点云间距，计算所需最小分辨率 α，如式（2-2）所示：

$$\alpha=d/D \qquad (2-2)$$

式中　d——预设最小点云间距；

　　　D——扫描距离。

依据计算得到的 α 和设备的"分辨率"参数，选取合适的"分辨率"参数设置；并根据扫描需求，设置合适的"质量"参数。

3）测绘等级划分及精度标准说明

测绘行业标准《古建筑测绘规范》（CH/T 6005—2018）中对建筑单体测绘精度做出规定，将精度等级分为一等、二等、三等，并规定每一精度等级的定位尺寸、细部尺寸与构造详图尺寸的中误差限值。另外，针对古建筑测绘地面三维激光扫描测量法，在该规范中也规定了不同精度等级对应所需地面三维激光扫描仪的仪器测距中误差限值要求与所测点云特征点点间距中误差限值要求。而对于特定的扫描仪设备，最大点间距是主要的调节参数。

据此，结合上海建筑遗产测绘对象分类体系以及所对应的测绘方法，将上海建筑遗产适应性测绘分为四级，从一至四级测绘对象分别为特色构件、特色构造部位、建筑单体、区域级，根据不同等级测绘对象尺寸尺度，定义其一至四级的最大点间距分别为 3 mm、7 mm、15 mm、25 mm。

而对于不同精度等级建筑遗产测绘对象的近景摄影测量，结合摄影测量技术参数说明，考虑各等级测绘对象最小可描述形制尺寸，定义一至四级其影像分辨率分别为 2 mm/pixel、5 mm/pixel、10 mm/pixel、25 mm/pixel，使得其摄影测量模型纹理精度满足《三维地理信息模型数据产品规范》（CH/T 9015—2012）中对模型精细度及模型纹理的规定，具体见表 2–3。

表 2–3 上海建筑遗产数字化信息采集精度标准

分级	测 绘 对 象	影像分辨率 /（mm/pixel）	点云间距 /mm
一级	特色构件及装饰	2	3
二级	特色及重点构造部位	5	7
三级	建筑单体级：建筑整体外观、内部结构框架及空间布局	10	15
四级	区域级：建筑分布及周边环境	25	25

2.2.2 测绘成果处理

随着三维空间信息获取技术的发展，无人机倾斜摄影与地面三维激光扫描技术已成为采集点云数据的主要途径，这也是近年来摄影测量与遥感领域的研究热点。但无人机倾斜摄影技术采集数据时易受地面植被、屋檐等障碍物的影响，造成一定数据量的丢失，而地面三维激光扫描技术会受到测站架设局限性的影响，也会存在数据获取不完整的现象。联合无人机倾斜摄影与地面三维激光扫描数据，开展空地技术结合的点云融合方法实现了两种技术的优势互补，为单一设备采集目标物完整数据存在的局限性和数据丢失这一问题，提供了一种切实有效的解决途径。

2.2.2.1 多源数据融合方式

测绘成果融合的目标是将点云模型和航飞模型建立在统一坐标系下。目前，主流的融合方式有基于坐标融合、基于控制点融合、基于同名点融合三种。

1）**基于坐标融合**

（1）应用条件。如果点云模型和航飞模型在测量中均带有绝对坐标，则可以直接通过统一坐标系进行融合。

（2）融合步骤。

① 将带有绝对坐标的点云模型和航飞模型转换成 .e57 或 .las 格式的通用模型。

② 将模型同时导入软件中，例如点云模型屋顶测量不全，将航飞模型中的屋顶融合到点云模型中，可以对航飞模型进行裁剪，仅留下屋顶部分，由于两者均带有绝对坐标，可以直接自动拼合。

2）**基于控制点融合**

（1）应用条件。如果点云模型和航飞模型不带绝对坐标，但是在无人机倾斜摄影和三维激光扫描时布设有相同控制点，可以通过控制点进行融合。注意：至少要在目标建筑四周布设四个及以上的控制点。

（2）融合步骤。

① 将点云模型和航飞模型转换成 .e57 或 .las 格式的通用模型。

② 将点云模型和航飞模型通过控制点进行坐标转换。

③ 将转换后的模型同时导入软件中，由于两者均转换到统一坐标系下，可以直接自动拼合。

3）基于同名点融合

（1）应用条件。如果点云模型和航飞模型不带绝对坐标，但有相同的扫描区域，可以通过同名点进行融合。

（2）融合步骤。

① 将点云模型和航飞模型转换成 .e57 或 .las 格式的通用模型。

② 将模型同时导入软件中，需要将两个数据进行空间匹配，通过两个数据中公共的空间特征点进行转换，即分别在三维点云和倾斜模型中选取若干个明显的同名空间公共点，利用最小二乘算法求取倾斜模型至三维点云的空间转换七参数。倾斜模型与三维点云融合后，对接边部分需要进一步处理，即对有交叉重叠的区域根据接边形状进行裁切，对两个数据不相接、存在空洞的部分进行修补。

2.2.2.2　多源数据融合成果

多源数据融合后通常以 .e57 或 .las 格式的点云模型形式保存，也可以通过软件转换为其他点云格式模型（图 2-2）。

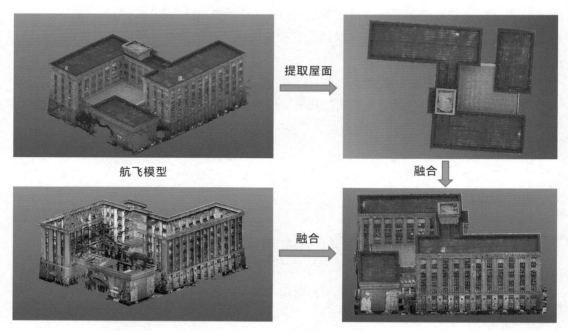

航飞模型

提取屋面

融合

点云模型

融合

图 2-2　多源数据融合成果示意图

2.3　测绘成果应用

2.3.1　现状图纸绘制

基于三维数字模型，可以进行精确的测绘制图工作。通过提取模型中的几何信息，可以生成各种视图，为建筑遗产的保护和修复提供有力支持。基于点云数据进行上海建筑遗产测绘并绘制平立剖详图的步骤，可以大致分为数据处理、图纸翻绘、检查与修正、优化与提升、成果输出与共享五个部分。

2.3.1.1　数据处理

地面站三维激光扫描数据的处理软件与扫描设备相对应，如法如、徕卡、天宝以及南方测绘的扫描仪分别提供了 SCENE、Cylone、Realworks 和 SouthLidar Pro 软件，可以进行外业扫描和内业拼接、裁剪、测量、去噪、抽稀等编辑工作，有的软件还可以进行切片、分析等后处理应用。各个厂商的软件可以形成自己格式的点云，也可以导出通用的点云格式。

同时，在测绘中也可以用第三方的点云处理软件，包括 Autodesk ReCap、3DS Max、GeoMagic 等，可以不依赖具体的厂商设备，处理大部分的点云数据，有数据拼接、浏览、测量、裁剪、漫游、坐标转换、封装建模等功能。

1）数据拼接

多方软件数据拼接过程多采用自动拼接结合手动拼接的方式进行。先通过软件自身的算法自动处理，无法自动拼接的站点通过手动拼接的方式处理。对于特征点比较少的现场情况，可以采用布设标靶球或标靶纸的方式辅助数据拼接。以南方测绘的 SPL1500 设备及自带的处理软件为例，如图 2-3 所示。

2）坐标转换

通过选定特征点位或者标靶球计算转换参数，并将点云的相对坐标转化为绝对坐标，如图 2-4 所示。

3）点云测量

在点云或者全景影像中测量数据，如距离、角度、垂距、点密度、面积、体积等，如图 2-5 所示。

4）点云裁剪

可以通过圆选择、矩形选择或者多边形选择对点云进行选择，选中的点云会高亮显示，可以通过裁内或裁外的方式对杂点或多余的建筑体进行裁剪，如图 2-6 所示。

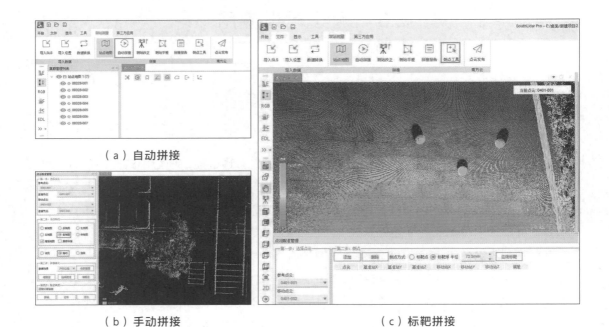

（a）自动拼接

（b）手动拼接　　　　　　　　　　　　　（c）标靶拼接

图 2-3　数据拼接方式

图 2-4　坐标转换示意图

（a）垂距测量

（b）角度测量

（c）多点测量

（d）面积测量

图 2-5　点云主要测量方式

图 2-6　点云裁剪示意图

5）点云切片

按照制图要求将点云切出平面、立面、剖面并输出正射影像。输出正射影像时需注意对其去噪，由于点云只是点的集合，在模型中前后无法遮挡，因此需要尽量清理对视图表达主题有干扰的点云，以免制图时造成前后重叠、混淆，产生对构建形态或空间状态的错误理解。切片效果如图 2-7 所示。

6）点云抽稀

将点云进行重采样，可以按最小点间距、采样率、八叉树等指定规则减少点云数量，并通过统计滤波方法，对点云进行过滤，操作界面如图 2-8 所示。

2.3.1.2　图纸翻绘

1）数据导入

2018 版本以后的 AutoCAD 中可以直接在"插入"选项卡中选择"附着"按钮，将 .rcp 或 .rcs 格式的点云文件作为外部参照导入，同时在 AutoCAD 中可以对点云进行剖切，调整颜色显示的操作。其他格式的点云可以在 ReCap 软件里进行数据转换后导入 AutoCAD 中。对导入的点云进行剖切、坐标系视图转换，并根据现场照片、全景影像等提供的信息将其描绘成二维图形。

或者，也可将带有比例尺信息的切片插入 AutoCAD 中，根据比例尺对齐、缩放切片尺寸，使之与实际建筑尺寸等比例，再进行制图。对于一些局部或细节，可以针对性地利用点云测量、查阅现场照片等方式获得更多细节信息，确定每个细部的关系和尺寸。

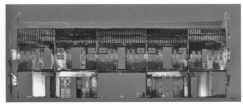

（b）立面切片

（a）平面切片　　　　　　　　　　　　　　　　　（c）剖面切片

图 2-7　点云切片效果示意图

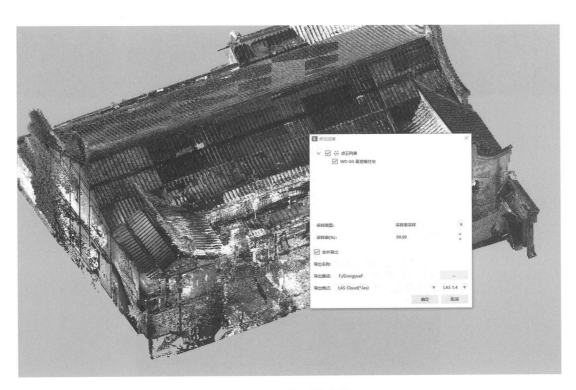

图 2-8　点云抽稀操作界面

2）平面图绘制

在 AutoCAD 或天正建筑软件中导入点云或平面切片后对轴网和柱网进行定位，根据点云或者切片绘制墙、柱、门窗、构筑物，如图 2-9 所示。二层及以上平面图参照一层平面轴网对应绘制。

3）立面图绘制

导入点云或立面切片后，对应平面图和剖面图绘制立面图，如图 2-10 所示。如遇到平立剖面图纸不对应的情况，应调整相应的图纸。

4）剖面图绘制

导入点云或剖面切片后，定好合适的剖切位置，对应平面图进行剖面图绘制，如图 2-11 所示。

（a）平面切片　　　　　　　　　　　（b）基于切片翻绘

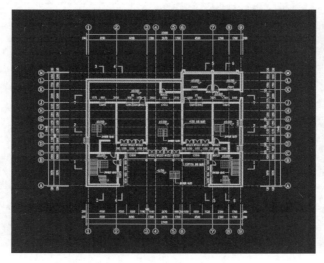

（c）平面图成果

图 2-9　平面图翻绘过程

（a）立面切片

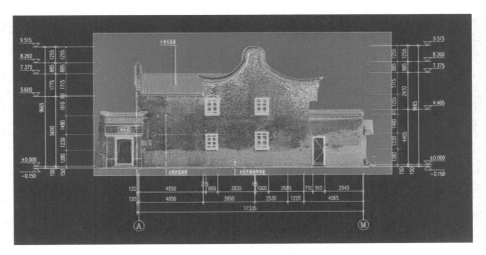

（b）基于切片翻绘

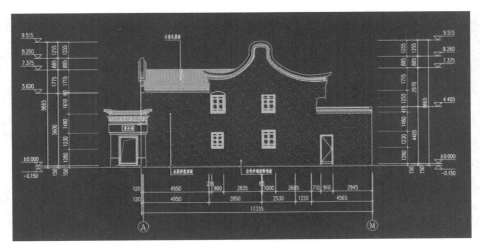

（c）立面图成果

图 2-10　立面图翻绘过程

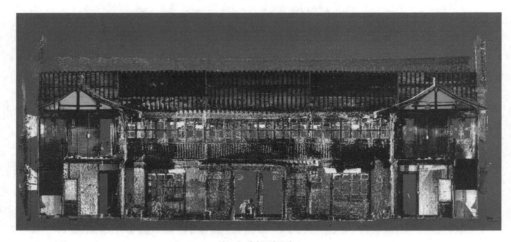

（a）剖面切片

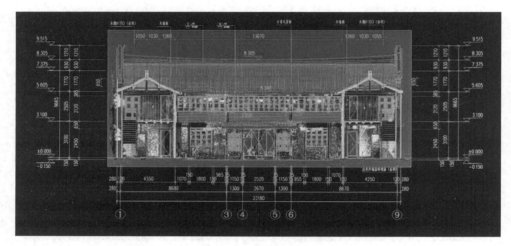

（b）基于切片翻绘

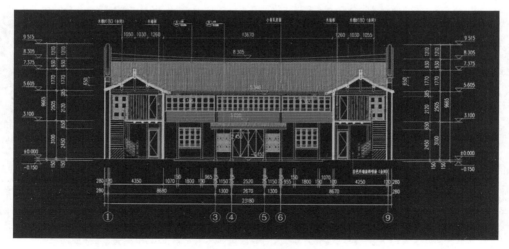

（c）剖面图成果

图 2-11　剖面图翻绘过程

5）大样图绘制

导入点云或局部重要构件切片，对应平立剖面图绘制大样详图，如图 2-12 所示。

（a）现场大样

（b）翻绘大样

图 2-12　大样图翻绘过程

2.3.1.3　检查与修正

（1）检查绘图。完成绘图后，应仔细检查平面图、立面图和剖面图以及重要节点详图，确保它们与三维模型保持一致，并符合测绘规范及成果要求。

（2）修正错误。如果发现任何错误或不一致之处，应及时进行修正，以确保绘图的准确性和可靠性。

通过以上步骤，可以使用三维激光扫描技术完成建筑遗产的三维测绘，并绘制出平立剖详图。这些详图将为后续的建筑分析、修复或重建提供重要的参考依据。

2.3.1.4　优化与提升

（1）细节优化。在初步完成平立剖详图后，需要对细节部分进行优化处理。这包括但不限于修正线条的流畅性、完善标注信息、调整色彩和材质等，使详图更具可读性和视觉吸引力。

（2）场景渲染。为了更直观地展示建筑遗产的特点和风貌，可以使用渲染软件对三维模型进行场景渲染。通过调整光照、阴影和纹理等参数，使渲染效果更加逼真，为后续的展示或分析提供便利。

2.3.1.5　成果输出与共享

将优化后的平立剖详图以适当的格式输出，如 pdf、dwg 或 jpg 等。根据实际需要，可以设置不同的输出参数，如分辨率、颜色模式等，以满足不同的使用场景和需求。

豫园三期项目中的世春堂为上海市文物保护单位，从外业点云、影像数据采集到内业数据拼接切片及平立剖面大样图的绘制工作，严格按照修缮施工图设计的标准制图，如图 2-13 所示，完成的数据成果能有效减少测绘数据的误差以及修缮设计的工期，为后期修缮施工提供了原貌原制式的数据依据。

（a）世春堂点云模型

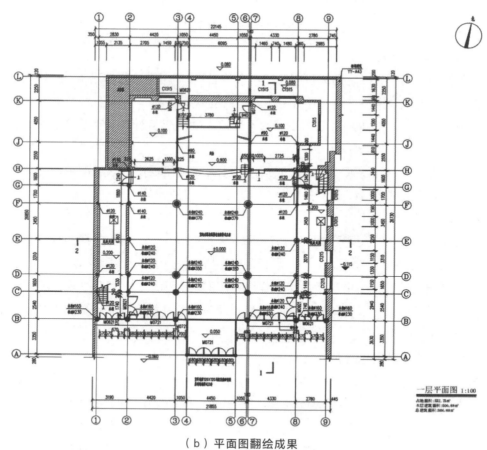

（b）平面图翻绘成果

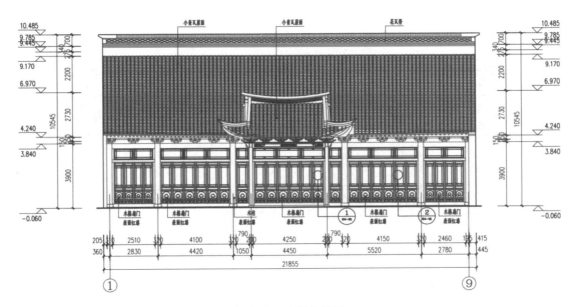

（c）主立面翻绘成果

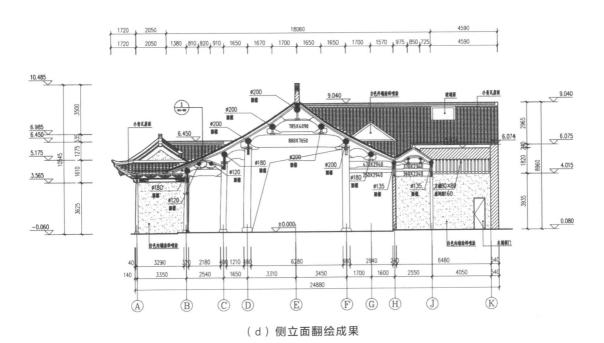

（d）侧立面翻绘成果

图 2-13　世春堂成果输出

召稼楼古镇是上海市历史文化风貌保护区之一，其中的奚世瑜住宅为上海市文物保护单位，测绘取得的点云和翻绘的现状图纸如图 2-14 所示，为后期修缮施工提供了原貌原制式的数据依据。

（a）奚世瑜住宅点云模型

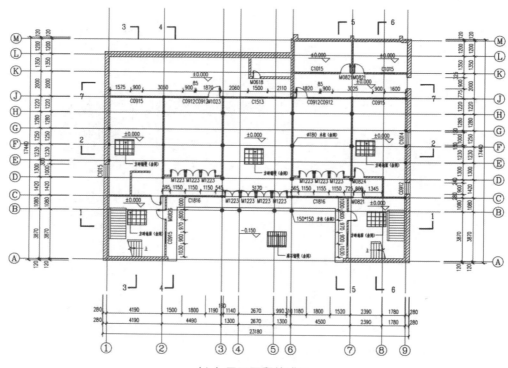

（b）平面图翻绘成果

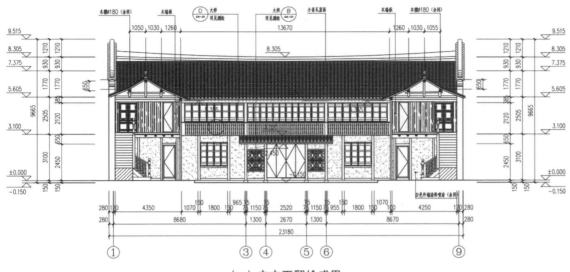

（c）主立面翻绘成果

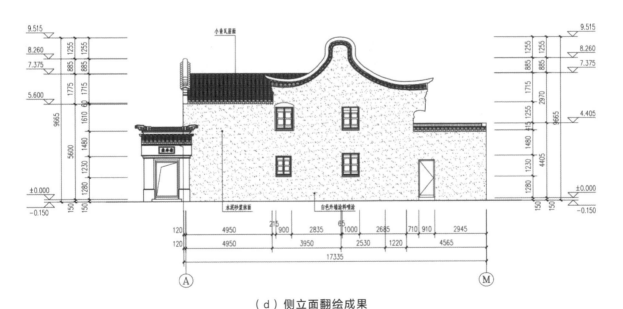

（d）侧立面翻绘成果

图 2-14　奚世瑜住宅成果输出

黄浦区琴海苑地块历史建筑，测绘取得的点云和翻绘的现状图纸如图 2-15 所示，为后期修缮施工提供了石库门建筑原貌原制式的数据依据。

（a）侧立面点云切片

（b）平面切片

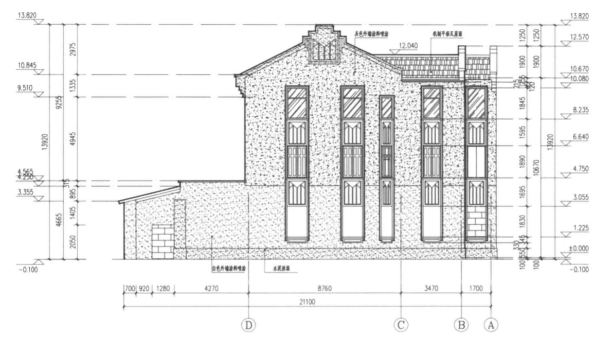

（c）侧立面翻绘成果

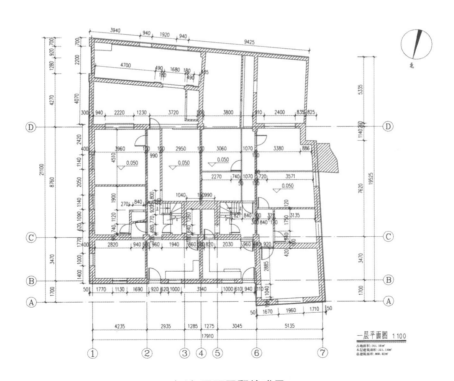

（d）平面图翻绘成果

图 2-15 黄浦区琴海苑成果输出

基于上海建筑遗产适应性测绘方法，可以获取建筑不同层级下的几何及纹理信息，其本质上是大量坐标点和像素点的集合，属于非结构化数据，存在巨大的数据冗余，实际应用价值受限。但同时，测绘数据提供的精确几何及纹理信息，为建筑数字模型的构建提供了详细依据，基于数字测绘的模型逆向重构，可以实现上海建筑遗产三维数据的结构化和轻量化。

与新建建筑简洁规则的外形特征不同，建筑遗产的外形和纹理都比较复杂，并且属于其重要的价值组成部分，如优秀历史建筑中常见的清水砖墙立面、石库门构件、金箔饰面等。如采用统一标准构建其不同尺度的数字模型，则可能导致模型过于精细而数据量过大或者数据量可控但模型精细度不够的情况。因此，需根据不同尺度对象重点展示内容特征的不同，适当降低非重点特征的细节度，根据应用需求分级构建。下面介绍不同层级下的适应性建模方法及精度要求。

2.3.2.1 模型分级构建

基于上海建筑遗产适应性测绘方法的成果，从区域级、单体级、特色部位级、特色构件级进行模型的分级分类构建。

1）区域级模型构建

根据上海建筑遗产区域级场景的功能需求及特征分析，区域级模型主要聚焦于展示区域内建筑群及周边环境的整体布局及特征，包括区域建筑群的位置、建筑群的形状规模、建筑群内的整体布局、建筑物（构筑物）分布及特点、景观绿化等环境要素的分布等。因此，在区域级尺度上模型应用的信息需求主要是能够体现建筑群整体的规划布局及风格，类似于全景地图的效果，能够表达单体级特征，可以采用倾斜摄影测量技术进行数据的采集。

倾斜摄影测量模型构建的核心步骤在于空中三角测量，是以像片上的像点为依据，基于最小二乘原理，以地面控制点作为平差条件，求解测图所需控制点的地面坐标，进而可以获取被测物体的高程和平面位置的坐标信息，此方法可以有效降低现场所测控制点数量，将外业工作转移到内业中。支持倾斜摄影测量的空三解算[①]及模型构建的国内外成熟商用软件包括大疆智图、重建大师、Smart3D、Context Capture、Agisoft PhotoScan 等。

以上海音乐厅为例，选用 Agisoft PhotoScan 软件介绍区域级模型构建的主要流程。导入像片后，首先对所有影像进行特征点提取，对特征点采用多基线多特征匹配技术自动匹配同名点，然后反复进行光束法区域网平差计算，剔除粗差点，直到自动检验结果满足要求，完成多视角影像空三解算，获取每张像片位置，如图 2-16 所示。得到每张影像精确的外方位元素并消除影像畸变差后，基于立体像采用多视影像密集匹配技术生成高密度三维点云，如图 2-17 所示。基于三维点云构建不规则三角网（triangular irregular network，

---

① 空三解算，又称空三，全称空中三角测量解算，是摄影测量学中的一个重要步骤。它是利用影像与所摄目标之间的空间几何关系，根据像片控制点，计算出像片外方位元素和其他待求点的平面位置、高程的测量方法。参见《摄影测量与遥感术语》（GB/T 14950—2009）第 5.69 条。

TIN）模型，优化及简化后生成三维白模。然后，在经过畸变差改正和匀光匀色处理后的影像上提取对应的纹理信息，将其映射到对应的模型三角面片上，实现纹理映射，最终完成区域级模型的构建，如图 2-18 所示。

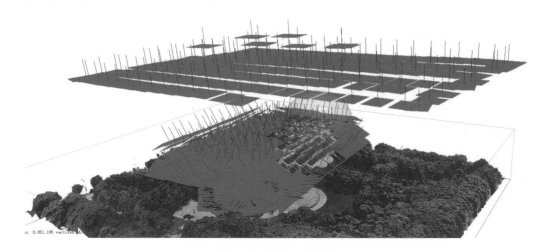

图 2-16 影像空三解算

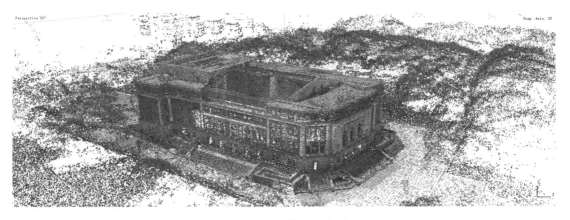

图 2-17 三维点云生成

图 2-18 实景模型构建

2）单体级模型构建

根据上海建筑遗产单体级场景的功能需求及特征分析，单体级模型主要聚焦于展示单体建筑外观及内部分布，包括单体建筑体量、建筑样式及风格、建筑材料、屋顶、墙体、梁柱、门窗、装饰及附属构件等要素的样式、细节及纹理色彩等。因此，在单体级尺度上模型应用的信息需求主要是能够体现单体建筑的空间分布、外观特点及构件的样式，可以采用三维激光扫描技术进行三维几何数据的采集。上海建筑遗产的各类结构及构件多以传统材料及工艺为主，特色鲜明且具有较好的视觉效果。因此，为保证后期建模的效果，除了在三维扫描作业时通过扫描仪内置彩色相机进行立面影像数据采集之外，通常还需要通过单反相机对典型纹理区域进行高清晰的图像采集。

单体级模型的构建一般是以三维激光扫描采集的点云数据、已有平立剖图纸、室内外像片作为参考，进行人机交互式融合建模。常见的用于三维建模的软件包括 3DS Max、SketchUp、ZBrush 等，可以通过软件内部强大的多边形建模功能实现模型的构建，并可将纹理图像映射至模型表面。

以上海音乐厅为例，选用 3DS Max 软件介绍单体级模型构建的主要流程，3DS Max 是普遍应用的三维渲染软件，具有出色的三维数据处理功能，模型创建功能也十分强大，并且扩展性较好、操作方便，被广泛应用于场景动画、三维建模、电影特效、虚拟现实等方面。基于点云及图纸参考数据，通过软件中的标准基本体的拼接以及多边形编辑等修改，可以实现单体建筑中所有实体构件几何形态的拟合，如图 2-19 所示。随后利用材质编辑器，以材质球为媒介，通过调节颜色、透明度、光泽度等参数结合采集的纹理位图贴图，使模型呈现出实体一样的材料和质感，最终完成单体级模型的构建，如图 2-20 所示。

3）特色部位级模型构建

根据上海建筑遗产特色部位级场景的功能需求及特征分析，特色部位级模型主要聚焦于展示建筑部位的外观、构成及材质，包括建筑部位的外观尺寸及颜色、组成部分、建筑材料、表面纹理等。因此，在特色部位级尺度上模型应用的信息需求主要是能够体现部位的材料组成和工艺工法，需要表达平面纹理级的特征，与单体级模型相类似，可以采用三维激光扫描技术进行三维几何数据的采集，辅助单反相机对典型纹理区域进行高清晰的图像采集。

特色部位级模型的构建同样可以采用平滑几何体和典型纹理贴图来表征相应部位的整体效果，以三维激光扫描采集的点云数据、已有平立剖图纸、室内外像片作为参考，进行人机交互式融合建模，与单体级模型构建不同的是对于几何拟合程度及纹理图片分辨率的要求更高。

以上海音乐厅二层东走廊为例，选用 3DS Max 软件介绍特色部位级模型构建的主要流程。基于点云及图纸参考数据，通过软件中的标准基本体的拼接以及多边形编辑等修改，可以实现特色部位中所有实体构件几何形态的拟合。随后利用材质编辑器，以材质球为媒介，通过调节颜色、透明度、光泽度等参数结合采集的纹理位图贴图，使模型呈现出实体一样的材料和质感。最终完成特色部位级模型的构建，如图 2-21 所示。

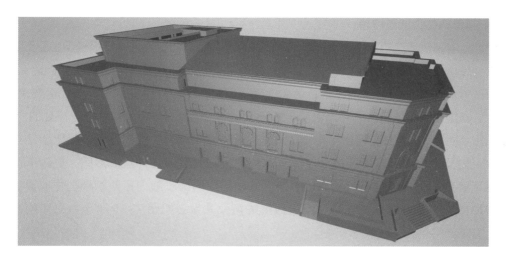

图 2-19　上海音乐厅白模

图 2-20　上海音乐厅单体模型

图 2-21　上海音乐厅二层东走廊模型

4）特色构件级模型构建

根据上海建筑遗产特色构件级场景的功能需求及特征分析，特色构件级模型主要聚焦于展示建筑构件的外观、构成及材质，包括建筑构件的外观尺寸及颜色、组成部分、建筑材料、表面纹理等。与特色部位级相比，特色构件级模型对表面纹理特征的呈现精细度要求更高，需要表达立体纹理级的特征，可以采用手持三维扫描或近景摄影测量技术进行模型的构建。

采用手持移动式近距离扫描来获取物体表面三维数据的便携式方法，相比架站式三维扫描仪更为灵活、点云密度更高。与基于点云数据的人工交互式建模不同，更高密度的点云数据可直接用于几何形态的生成。手持三维扫描仪内部一般内置网格模型生成算法，采用多边形网格拟合对象表面，构建点云数据的拓扑关系。如图 2-22 所示为采用此方法构建的金箔花饰特色构件级模型示例。

图 2-22　金箔花饰

与空中三角测量解算倾斜摄影数据相类似，近景摄影测量也是通过计算机视觉技术的影像识别和匹配处理，从而获得被测物体的形状、大小、位置和运动状态等信息。其核心原理为基于空中三角测量的对象重叠影像解算，由此生成高密度三维点云，构建不规则三角网模型，映射纹理信息，最终完成特色构件级模型的构建。如图 2-23 所示为采用此方法构建的柯林斯柱头特色构件级模型示例。

图 2-23　柯林斯柱头

2.3.2.2　模型精度标准

上海建筑遗产的几何形态和纹理样式类型丰富多样、各具特色，是历史建筑重要的价值特征之一。面向历史建筑原真性的测绘要求，重点更偏向于对象细节特征的描述，精度标准可以理解为"精细度"的要求，精度的参数描述可以分解为几何分辨率和纹理分辨率。从三维模型文件构成的数据源出发，几何分辨率是描述对象形状特征的精度，由模型的最小网格单元面积决定；纹理分辨率是描述对象表观纹理特征的精度，由纹理贴图分辨率决定。从"精细度"的实际价值出发，同一尺度层级、同一功能需求下的精度要求应该是大致相同的，但也应根据实际对象的表观特征需求进行调整。因此，历史建筑测绘建模精度标准包括以下两个方面的内容：① 区域级、单体级、特色部位级、特色构件级四个层级的测绘建模精度标准限值；② 特征呈现要求、测绘精度标准、模型精度标准之间的对应关系。

1）精度标准限值

模型精度标准限值是指相应尺度层级下模型精度标准的最低要求，低于最低要求的限度，模型将无法准确、完整地描述模型的表观特征。下面将以具体案例展示模型精度参数值对模型效果的影响。

选取表观特征较为复杂的夯土墙为对象，对比其几何分辨率参数即最小网格单元面积对最后模型效果的影响，参数指标见表 2-4，模型效果如图 2-24 所示。

表 2-4　夯土墙网格单元面积参数

序号	对象表面积 /mm²	网格数量	最小网格面积 /mm²	网格表达精度 /mm
1	1 307 560.37	309 212	4.23	3.13
2	1 313 323.99	153 019	8.58	4.45
3	1 309 480.74	90 975	14.39	5.77
4	1 285 585.67	29 850	43.07	9.97

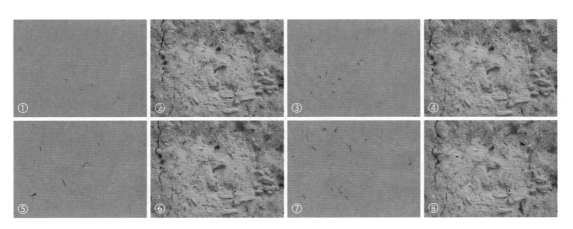

图 2-24　不同网格单元形式下的夯土墙模型效果

对比图 2-24 中不同网格单元形式下的模型效果，① ~ ④ 中的夯土墙几何形态特征均能较好呈现，而⑤ ~ ⑧中的模型网格质量已明显降低，特征呈现较差。可以认为，⑤ ~ ⑧模型的几何精度不满足最低限制，这就是模型精度指标对模型效果影响的直观呈现。

最终基于大量优秀历史建筑的特征分析，结合数字模型构建的实践经验，对不同尺度下建筑测绘建模的精度标准限值规定见表 2-5。

表 2-5　历史建筑测绘建模精度标准限值

测绘等级	特征呈现要求		模型精细度指标	
	外形特征 /mm	纹理特征 /mm	几何分辨率 /mm^2	纹理分辨率 / (mm/pixel)
区域级	200	25	S (min) $\leq$ 17 000	R (map) $\leq$ 25
单体级	50	10	S (min) $\leq$ 1 000	R (map) $\leq$ 10
特色部位级	20	5	S (min) $\leq$ 150	R (map) $\leq$ 5
特色构件级	10	2	S (min) $\leq$ 40	R (map) $\leq$ 2

注：（1）S（min）：组成模型的最小网格面积；
　　（2）R（map）：映射至实际尺寸对象的贴图分辨率。

2）参数对应关系

测绘建模指标参数对应关系是更为精细化的历史建筑数字化测绘工作指引，能够通过实际测绘对象的表观特征尺度分析，获得具体的对象特征呈现要求，并基于特征呈现要求、测绘精度标准、模型精度标准之间的对应关系，获得数字测绘成果参数的详细要求。下面将以具体案例展示数字测绘参数指标与表观特征呈现之间的关系。

选取表观特征较为复杂的柯林斯柱头为对象，通过 HandySCAN 700™|Elite 手持扫描仪对柱头进行高精度差异化扫描，获取点云数据，并基于设备内置算法自动重构柱头的三维网格模型，采集的模型数据见表 2-6。

表 2-6　柯林斯柱头差异化模型数据

序号	扫描分辨率 /mm	点云模型	三维网格模型		网格面积 /mm^2
1	0.6				0.21
2	0.7				0.29

序号	扫描分辨率 /mm	点云模型	三维网格模型		网格面积 /mm²
3	0.8				0.38
4	0.9				0.47
5	0.95				0.53
6	1.0				0.54

　　通过对比局部放大的点云和网格模型，可以清晰地看到：随着设备分辨率变大，点云密度逐渐稀疏，模型的网格面积不断增大，模型红框内的局部立体几何特征也在逐渐模糊、丢失，由此对比几何特征的尺寸大小和分辨率临界值即可获取各指标之间的对应关系。

　　最终基于大量优秀历史建筑的特征分析，结合数字模型构建的实践经验，形成立体几何特征的特征与测绘精度指标、模型精度指标之间的对应关系见表 2-7，平面纹理特征与测绘精度指标、模型精度指标之间的对应关系见表 2-8。

表 2-7　立体几何特征的参数对应关系

扫描分辨率 /mm	网格面积 /mm²	几何呈现特征 /mm
0.5	0.14	0.57
1.0	0.56	1.14
1.5	1.25	1.70
2.0	2.24	2.27
2.5	3.32	2.77
3.0	4.40	3.19
3.5	6.45	3.86

扫描分辨率 /mm	网格面积 /mm²	几何呈现特征 /mm
4.0	8.49	4.43
4.5	12.62	5.40
5.0	16.75	6.22

表 2-8　平面纹理特征的参数对应关系

扫描仪像素	贴图纹理分辨率 /（mm/pixel）	纹理呈现特征 /mm
16 384 × 16 384	0.06	0.06
8 192 × 8 192	0.12	0.12
4 096 × 4 096	0.24	0.24
1 024 × 1 024	0.98	0.98

通过上述两个方面内容的阐述，构成了基于特征需求的、具有实际指导价值的建筑遗产测绘建模精度标准体系。上海建筑遗产的实际测绘建模工作开始时，首先应根据模型的尺度分级和应用需求，查看相应的精度标准要求限值，再根据实际对象表观的立体几何特征和平面纹理特征选取相应的测绘精度标准和模型精度标准，能够为实际建筑遗产数字化工作开展及成果评价提供参考及指引，相关研究成果已编入上海市工程建设规范《优秀历史建筑数字化测绘建档技术标准》（征求意见稿）。

2.3.3　平台化应用

近几年兴起的数字孪生技术是充分利用物理模型、传感器更新、运行历史等数据，集成多学科、多物理量、多尺度的仿真过程，在虚拟空间中完成映射，从而反映实体的全生命周期过程，可以为建筑遗产的科学性保护和精细化修缮提供技术支持。以实现建筑遗产数字孪生为目标，通过全生命周期内的信息集成共享，在建筑数字模型底座的基础上，结合数字信息技术的应用，达成模型与实体的虚实结合，其中模型底座是数字孪生的核心与基础。目前，建筑行业尤其是城市更新领域数字孪生技术正处于高速发展中，越来越多的数字化应用工具为解决具体需求提供了良好的解决方案，但总体上仍处于以虚映实的发展阶段。前文获取的建筑遗产数字测绘成果为模型底座的构建提供了基础模型，但为了适应平台化应用及管理需求仍需经过轻量化、格式化、单元化等后处理过程。本节将具体介绍建筑遗产三维模型后处理及平台化应用的相关内容。

2.3.3.1　三维模型后处理

目前，越来越多的建筑遗产采用逆向建模的方法构建了三维模型，其中大部分具备良好的视觉呈现效果，但模型的实际应用价值有限。现阶段，三维模型最突出的三个问题是由于其形态复杂造成的模型数据量冗余、由于构建方法多样造成的兼容性差以及由于单元划分随意造成的应用场景单一，从而限制了建筑遗产数字模型的交互与传输，降低了其实际应用价值。在建筑遗产模型分级构建的基础上，还需进行轻量化、格式化及单元化等处理。

1）轻量化处理

模型数据量冗余往往会占用过多的系统资源、造成模型加载缓慢，降低了应用过程中的效率。轻量化是在保证模型内容特征的前提下压缩模型数据量大小，针对的对象是模型的实际精度高于对象表观特征和功能需求下的模型需求精度，其数据量是冗余的。可以从三维模型的三维网格和纹理贴图入手，通过压缩网格密度和压缩贴图分辨率的方法，进行模型的轻量化处理。下面以特色构件典型对象夯土墙为例，分别介绍两种轻量化处理方法。

压缩贴图分辨率即压缩三维模型中对应纹理贴图的分辨率大小，夯土墙模型利用压缩贴图分辨率方法进行轻量化处理的模型效果和相关参数见表 2-9。从中可以看到，分辨率从 0.09 mm/pixel 下降至 0.40 mm/pixel 的过程中，模型的整体效果均没有明显的改变，但在这个过程中模型的数据量从 57.6 MB 降低至 35.6 MB，网页刷新时间从 127.4 s 缩短至 92.2 s。

表 2-9　压缩贴图分辨率——夯土墙

序号	分辨率 / (mm/pixel)	网格面积 / mm²	三　维　模　型		数据量 /MB	响应时间 /s
1	0.09	2.07			57.6	127.4
2	0.16	2.07			47.9	106.2
3	0.30	2.07			36.9	99.8
4	0.40	2.07			35.6	92.2
5	0.59	2.07			31.7	80.2

注：测评网页刷新时间的平台网络带宽为 15 MB，测评平台为上海建工四建集团有限公司（简称"上海四建"）开发的上海市历史建筑数字孪生平台。

压缩网格密度即压缩三维模型中网格面片的数量，夯土墙模型利用压缩网格密度方法进行轻量化处理的模型效果和相关参数见表 2-10。从中可以看到，网格面积从 2.07 mm² 扩大至 8.58 mm² 的过程中，模型的整体效果均没有明显的改变，但在这个过程中模型的数据量再次从 35.6 MB 降低至 15.3 MB，网页刷新时间再次从 92.2 s 提升至 33.8 s。

表 2-10　压缩网格密度——夯土墙

序号	分辨率 / （mm/pixel）	网格面积 / mm²	三 维 模 型		数据量 /MB	响应时间 /s
1	0.40	4.23			23.1	56
2	0.40	8.58		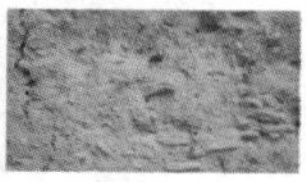	15.3	33.8
3	0.40	10.78			13.6	32.6
4	0.40	14.39		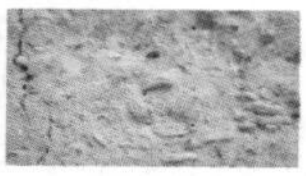	11.8	25.8
5	0.40	21.61		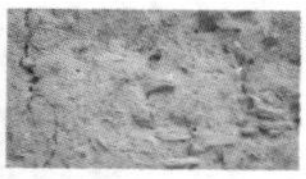	10.2	21
6	0.40	43.07			8.55	16.6

注：测评网页刷新时间的平台网络带宽为 15 MB，测评平台为上海四建开发的上海市历史建筑数字孪生平台。

以某上海历史建筑单体模型为例，综合应用两种轻量化方法，在模型整体轻量化率达到 80% 的情况下，模型整体效果并无明显变化，如图 2-25 所示。因此，在面向平台端应用时，采用上述两种方法，能够在保证模型内容特征的前提下压缩模型大小，提升加载渲染效率。

除此之外，三维模型的压缩和简化还有许多不同技术路径来实现，从数据结构出发，还包括顶点压缩、层级优化、语义查重等；从数据传输出发，还包括兴趣驱动、渐进式传输、预加载、缓存管理等；从渲染技术出发，还包括增量式实例化渲染、云烘焙等。通过多种技术路径的综合应用，以达到应用端快速加载、浏览三维模型的效果。

图 2-25　某上海历史建筑模型轻量化前后对比示例

2）格式化处理

数据的兼容性问题一直是限制信息数据充分应用的壁垒，不同单位构建建筑遗产三维模型的方法、标准不同，最终生成的成果形式也有所区别，由此造成的后果就是数据之间没有办法进行有效的融合、补充和充分利用。格式化是在保证模型内容特征数据不丢失的前提下进行文件格式的转换，针对的对象是通过前面分级分类构建的不同格式下建筑遗产的数字模型。首先需要确定适用于建筑遗产三维模型应用的通用格式，从模型的数据内容和预期用途出发，建筑遗产模型纹理特征复杂，需支持多种数据格式转换，且在后续的数字孪生应用中存在动画需求，通过调研目前三大类数字模型类别及其适用性，最终选择 fbx格式是目前符合以上要求的标准化格式，见表 2-11。

表 2-11　三维模型通用格式对比

模型类别	格式	适用性
CAD/CAM：工业设计制造	stl、dxf、dwf、dwg、step 等	描述物体的几何信息、约束关系，不支持材质信息，适用于快速原型系统、3D（三维）打印、CAD 软件共享数据
DCC：游戏影视动画可视化	obj	描述物体的几何、材质、纹理信息，适用于 3D 软件模型之间的互导，但不支持灯光、动画、高级几何材质等场景，适用于简单静态模型、3D 打印等领域
DCC：游戏影视动画可视化	fbx	支持动画、材质特性、贴图、骨骼动画、灯光、摄像机等信息的存储和传输，几乎所有 3D 引擎都支持解析，可以保留模型的完整性和层级结构，是最好的互导方案
DCC：游戏影视动画可视化	gltf/glb	具有文件小、加载快、对 3D 场景的描述完整且全面、灵活可扩展、可写协作等众多优势，适用于 web 和移动平台的前端渲染，属于输出格式，无法直接修改内容
GIS：空间三维地理信息	3D Tiles	3D Tiles 是用于流式传输大规模异构 3D 地理空间数据集的开放规范。用于流式传输 3D 内容，包括建筑物、树木、点云和矢量数据，属于大体量模型的输出格式

接着，以 fbx 作为目标格式，研究形成了不同格式原始模型转化为 fbx 标准格式的标准转换流程，转化方法流程图如图 2-26 所示。

（1）参考点云重构的单体级特色部位几何贴图模型的最终成果格式为 max 文件，在 3DS Max 中可以实现 fbx 格式的转换，导入包含贴图的模型后，导出为带动画和嵌入的媒体的 FBX 模型，实现 fbx 格式的转换。

（2）基于点云重构的特色构件精细化纹理模型的最终成果格式为 obj 文件，通过精细雕刻软件如 Zbrush 导出 obj 文件，再以 3DS Max 软件作为媒介，导出为带动画和嵌入的媒体的 FBX 模型，实现 fbx 格式的转换。

（3）基于设计图纸的建筑正向 BIM 模型的最终成果格式为 rvt 文件，通过 Twinmotion 插件合并材质导出为 fbx 文件，再以 3DS Max 软件作为媒介，此时需在 3DS Max 的纹理编辑器中进行参数优化，然后导出为带动画和嵌入的媒体的 FBX 模型，实现 fbx 格式的转换。

（4）基于倾斜摄影测量的区域级模型的最终成果格式为 osgb 文件，为二进制结构附加纹理文件。此种文件在 Context Capture 中处理时可转化为 fbx 格式，或通过 fme 格式转换器实现 fbx 格式的转换。

图 2-26　三维模型的格式化方法

3）单元化处理

模型单元是数字模型组成的基本单元，在三维模型中对应的是一个个独立的、可被选中的实体，在此基础上可以实现对象属性信息附加、管理对象查询统计等功能。单元实际上就是后续能够建立数字孪生关系的模型层级，因此数字模型的单元化程度由数字孪生应用的需求决定。目前大部分数字模型在构建时，更多考虑的是多边形创建和贴图映射的便利性，单元划分随意，并无实际意义。对于目前常见的数字模型，可以将模型的单元化程度分为区块级、部位级、对象级、元素级四类，如图 2-27 所示。

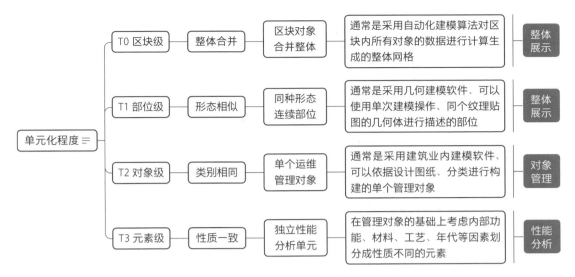

图 2-27　单元化程度分类

模型单元化处理的原则是由模型的应用需求决定的，以上海建筑遗产日常运维管理场景为例，其需求在于对场景内所有对象的管理和重点对象的性能分析，根据对象重要程度的不同，单元化程度也有所区分。因此，以上海音乐厅二层东走廊的单元化处理为例，如图 2-28 所示，将其中的对象进行分类考虑。

（1）非重点对象。采用 T2 对象级的单元化程度，对应历史建筑运维管理中的基本管理对象，如图 2-28 中所示栏杆、消防箱、门等。

（2）重点对象。在对象级的基础上进一步划分为 T3 元素级，对应性能评价中内外性质一致的分析对象，如图 2-28 中的柱，根据其内部元素的类型、材料、工艺不同，进一步分解为石膏线柱头、粉刷涂料柱面、石膏涂料柱面、踢脚线等元素。

以基于运维需求的单元化处理方法为基准，对东走廊中所有对象进行单元化处理。在原有模型的基础上，按照相应单元化原则，在三维建模软件中采用元素分离或附加的方式实现模型实体的单元化。同时，可以通过统一的模型构件单元命名规则赋予单元属性，包括构件类型和构件材料属性等。局部单元化成果如图 2-29 所示。

图 2-28　模型单元示例

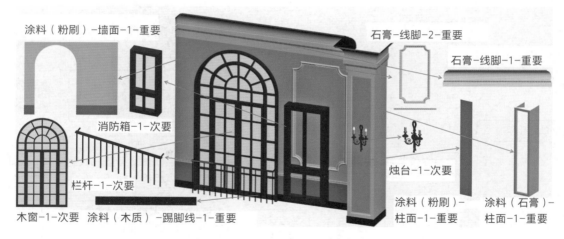

涂料（粉刷）-墙面-1-重要　　　　　　　　　　　　　石膏-线脚-2-重要

石膏-线脚-1-重要

消防箱-1-次要

烛台-1-次要

栏杆-1-次要

涂料（粉刷）-柱面-1-重要　　涂料（石膏）-柱面-1-重要

木窗-1-次要　涂料（木质）-踢脚线-1-重要

图 2-29　东走廊局部单元化成果

2.3.3.2　模型平台化应用

基于数字模型的平台化应用可进一步拓展数字测绘成果的实际价值，为建筑遗产数字化保护工作赋能。目前常见的三维模型可视化技术分为两类，一种是基于 WebGL 技术的网页，包括 Cesium、Threejs 等；另一种是采用游戏级渲染技术，包括 UE、Unity 等，构成了数字孪生相关业务场景的空间基础。其中，数字模型平台化应用主要包括模型漫游引导、精细模型展示、模型单元管理及事件虚拟映射四个方向。下面以上海四建自主开发的上海市历史建筑数字孪生平台和历史建筑预防性保护管理平台为例，介绍模型平台化应用的具体方向。

1）模型漫游引导

模型漫游引导一般用作大尺度场景的引导展示，多用于数字化平台的首页导航。底座一般为区域级建筑群或单体级建筑模型，内容包含建筑外立面整体及周边环境，展示建筑整体情况。如图 2-30 及图 2-31 所示，平台分别从区域级及单体级尺度进行模型的漫游引导，支持模型的平移、旋转、缩放等操作，查看建筑整体的空间分布等信息。

2）精细模型展示

精细模型展示一般用作具有代表性特色构件的细节展示，底座一般为特色部位或特色构件级模型，内容包含对象的精细尺寸、色彩、纹理信息，展示部位的局部细节特征。如图 2-32 所示，在上海音乐厅特色构件展示模块，对金箔花饰精细模型进行平台化展示，可视化介绍构件的价值特征、构造形制、传统工艺、历次修缮等信息，并支持模型的平移、旋转、缩放等操作。

3）模型单元管理

模型单元管理一般用作建筑运维阶段的现场管理，模型底座一般为单体级或特色部位级模型，模型包含场景内管理所需构件，能够与真实世界建立一一映射关系。模型根据管理应用需求事先进行单元化处理，每一管理对象均为可被独立选中实体，并附带相应属性。如图 2-33 所示，在历史建筑预防性保护管理平台（小程序端），可以通过空间模型的漫游

图 2-30   区域级模型漫游引导

图 2-31   单体级模型漫游引导

图 2-32　音乐厅金箔花饰精细模型展示

图 2-33　模型构件单元管理

引导，选择损伤所属的构件单元，获取损伤所属构件单元的名称及损伤材料，损伤添加后即归属到相应构件单元，实现损伤的单元化管理，便于损伤数据的归类统计及分析。

4）事件虚拟映射

事件虚拟映射同样一般用作建筑运维阶段的现场管理，模型底座一般为单体级或特色部位级模型。在原有静态模型底座的基础上，可根据实时发生情况，将事件映射至虚拟空间的模型底座，实现模型的动态更新。如图 2-34 所示，在历史建筑预防性保护管理平台，可以通过基于小程序端的空间模型采集特色部位表观损伤数据，选择损伤所在位置，将表观损伤形态映射至原始数字模型，实现基于数字模型的表观损伤动态孪生。

图 2-34　表观损伤虚拟映射

参考文献

[1]　赵俊羽.解析空中三角测量的作业流程研究[J].东华理工大学学报(自然科学版),2010,33(2):178-182.

[2]　王志勇,张继贤,黄国满.数字摄影测量新技术[M].北京:测绘出版社,2012.

[3]　童宇,张铭,任瑛楠.基于逆向重构的传统村落数字模型分级构建[J].建筑施工,2023,45(2):379-382.

第 **3** 章

建筑遗产修缮工艺和材料的数智化

工艺和材料是建筑遗产保护修缮和文脉传承的基础，但现存的建筑遗产使用年限皆已较长，传统工艺失传、工匠断代及原始材料配比遗失现象比较严重，使得保护修缮的难度日益增加。在原真性修缮要求的背景下，利用数智化等现代技术完成建筑遗产修缮工艺和材料的传承显得尤为重要。联合国教科文组织提出非遗数字化保护的核心是诠释、展示、传播和传承，工艺和材料作为建筑遗产修缮的关键环节，也需要通过一些数智化的技术手段将相关信息通过收集、整合、扫描、录入等方式建构，并通过信息资源共享的数据平台等技术手段进行展示和传承。本章从特征饰面材料信息获取、修缮工艺可视化、工艺和材料样本库构建、数智化传承等方面分别阐述了相应的传统做法与现代技术，并从修缮材料、工艺、构造等方面介绍了数智化传承技术。

3.1 修缮工艺和材料

　　建筑遗产作为上海特有的文化符号，是城市记忆物质留存的鲜活载体之一，保护修缮过程中不仅需要对其实体空间进行保护修缮，更需要传承其承载的历史、艺术、科学、文化和社会内涵，挖掘和保存无形的文化遗产。近年来建筑遗产活化利用的模式在不断更新，但原材料、原工艺、原形制、原结构的要求始终贯穿保护修缮的全过程。

　　上海近代建筑表现出了广泛的世界各国的地域风格，涉及英国式、法国式、意大利式等十几个地域的风格，数量和形式的繁多在世界上也是绝无仅有的，因此保护修缮过程中涉及的工艺和材料也多种多样。从屋面形式上看，上海建筑遗产占比较多的屋面形式有平瓦屋面、中瓦屋面、筒瓦屋面，每一种屋面的构造层次各异，保护修缮的工艺和材料也不尽相同。从外饰面类别上包含了清水墙、抹灰类、石渣装饰类、面砖类、石材类及木质外墙等七大类，每一类别又包含了不同的饰面样式，如抹灰类包含了游光面、浮沙面、拉毛灰、甩毛灰、扫毛灰等，石渣装饰外墙类包含了水刷石、斩假石、卵石等。室内特色部位中常见的如楼地面、木装修、雕饰、油饰、花饰线脚、室内门窗及五金件等也有针对性的修缮工艺和材料。以清水墙的修缮为例，修缮过程中用到的主要材料就多达 13 类，见表 3-1。

表 3-1　清水墙修缮常用的材料

序号	材料类别	用　　　　途
1	中性清洗剂	对墙面局部的涂鸦（涂鸦清洁剂）、顽垢（清洗剂）、油漆（去油漆剂）、铁锈（除锈剂）等进行清洗
2	脱漆剂	用于建筑表面的脱漆处理
3	活性除污酶	去除微生物污染
4	杀菌剂	用于表面细菌、真菌及藻类的灭杀和抑制
5	植物腐烂剂	快速腐烂吸附性、迁移性植物
6	砌筑砂浆	墙体砌筑材料（黏土、糯米浆、石灰膏、水泥、黄砂）
7	勾缝砂浆	勾缝（石灰缝、黄砂石灰缝、水泥砂浆缝）
8	砖粉	砖面修补
9	砖片	砖面修补
10	石灰基勾缝剂	勾缝、填充及黏结
11	泛碱清洗剂	抑制泛碱现象
12	增强剂	修补墙面和灰缝，提高基体的强度并提升黏结性能
13	憎水剂	降低毛细吸水率，保护墙面免于雨水侵害

损伤不同，修缮的工艺也不尽相同。以清水墙修缮为例，修缮过程中常见的工序有表面清洗、酥松起壳脱皮掉屑等病害处理至砖面修复等，在砖面修复环节，根据不同的损伤程度，需采用不同的修缮工艺，整个施工流程如图 3-1 所示。

（1）对于原始砖面保留较好，破损深度小于 5 mm 的砖面，保留原轻微破损的状况。修缮流程为：修复前表面处理→理缝→砖面增强→泛碱处排盐处理→勾底缝→勾面缝→防渗处理。

（2）对于破损深度大于 5 mm、小于 20 mm 的砖面，采用砖粉修复。施工工序依次为：修复前表面处理→砖面增强→泛碱处排盐处理→砖粉修补→勾底缝→勾面缝→防渗处理。

（3）对于破损深度大于 20 mm 的砖面，根据破损情况，采用与原砖材质、规格相同的手工黏土砖片或整砖镶砌，更严重的情况下可采用拆砌的方式进行复原。施工工序依次为：修复前表面处理→砖面增强→泛碱处排盐处理→砖片或整砖镶砌、拆砌→勾底缝→勾面缝→防渗处理。

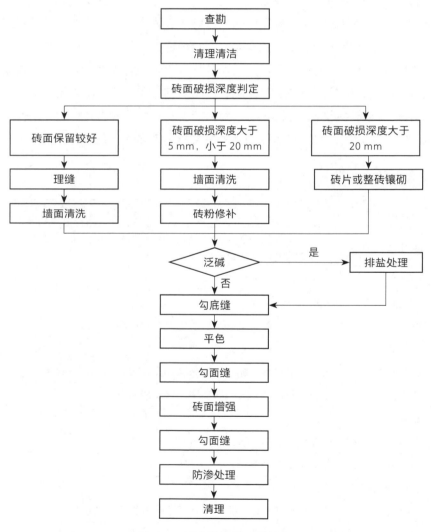

图 3-1 清水墙修缮工艺流程

随着城市的不断发展，各个时期修缮的工艺和材料也在不断发生变化。在早期的建筑遗产修缮中，主要注重对传统建筑风格的恢复和保持，工艺上多采用传统的木作、砖瓦、石雕等技艺，力求在修缮过程中保持建筑的原始风貌，材料上主要使用与原始建筑相匹配的木材、砖石、石灰等原材料，以保证建筑的耐久性和美观性。随着现代建筑技术的发展，建筑遗产修缮开始引入一些现代技术和材料，例如，使用混凝土加固技术来增强建筑的承重能力，使用新型防水材料来保护建筑的屋顶和墙面。同时，为了保持建筑的历史风貌，还会采用仿古材料和技术进行修缮。近年来，建筑遗产修缮中，越来越注重绿色环保和可持续性发展。工艺上采用了更加精细的修缮技术和方法，如使用微创技术进行结构加固和修复，使用环保材料进行墙面和地面的修复等。

虽然建筑遗产修缮的工艺和材料在不断地发生变化，但原真性修复的要求始终贯穿其中，而现存的建筑遗产使用年限皆已较长，有些建筑还经历了多次修缮，原始材料及配比遗失现象比较严重，另外还面临着工艺失传、工匠断代等一系列问题，使得建筑遗产保护修缮与价值传承等方面皆面临越来越多的问题。因此，利用数智化等现代化的技术手段解决上述问题，对于建筑遗产的文化传承具有重要意义。

3.2 特征饰面材料信息获取

传统工艺的价值不仅在于自身的形体结构，更体现在工艺的人文价值和工艺流程上，因此在研究、记录和传承传统工艺时需以整体为单位来记录和再现相应的历史文化。例如建筑遗产屋面的保护修缮，原始材料配比信息、修缮工艺的流程和材料选取等步骤都是重要的环节，如果只是展示屋面修缮图片等数据，很难实现修缮工艺的内容再现。另外，传统工艺一般通过图片、实物、文字、影像等载体来实现传承与保护，但随着信息时代的到来，这种传承和保护的方式不仅面临资料易遗失等存储安全问题，还存在信息更新需求得不到保障、传统载体与信息时代人们的阅读接受习惯不匹配等问题。因此，本节从原始材料信息获取、工艺可视化、技术传承等方面介绍建筑遗产修缮工艺和材料的数智化，对建筑遗产的保护和传承具有重要意义。

3.2.1 常规做法

了解和掌握建筑遗产的原材料、原构造和原工艺，是落实建筑遗产原真性保护原则的关键环节，建筑遗产典型饰面材料配比信息获取的常规做法主要通过以下两种方式：一是采用人眼观察、手工测绘与人工评价结合，通过组分获取、粒径测量、小样制作、效果比

（a）人工测量　　　　　　　　　　（b）电子仪器测量

图 3-2　常规水磨石骨料粒径测量方法

图 3-3　传统小样制作

对等多重工序获取，如图 3-2a 及图 3-3 所示，这种工艺流程往往需要长达数十天的多次重复试配校核，才可达到接近原式样的效果，且存在着骨料粒径测量不精确、试配过程费时费力、小样制作标准因人而异等问题；二是随着电子测量仪器的发展和推广，可通过切割提取现场原样，利用实验室扫描电镜分析的方法，辅助完成原饰面的组分分析与粒径测量，但从建筑遗产保护角度出发，此方法需要取饰面原样，不可避免地会对建筑造成一定的损坏，因此具有一定局限性，如图 3-2b 所示。

3.2.2　现代做法

随着数字技术的快速发展，以图像视觉、数学模型与人工智能等为代表的新型数字技术在城市更新领域中得到了探索性应用，为解决城市更新中既有建筑改造和历史建筑保护修缮提供了解决思路。相关单位基于机器视觉、人工智能算法、光学技术等，建立水磨石饰面骨料粒径数字化测量分析流程，开发配比信息智能分析设备，研发骨料粒径及配比智能分析算法，采用拍照的方式，仅需数分钟，便自动生成包含水磨石图像样本、骨料与水泥颜色、骨料粒径范围、不同骨料配比与骨料与水泥配比等详细信息的典型饰面复原修缮工艺交底书，如图 3-4、图 3-5 所示，可直接指导现场工人试配制作，如图 3-6 所示，

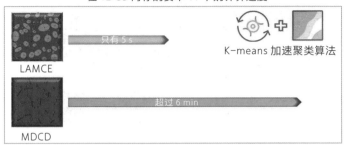

在 12 GB 内存的安卓 11 下的计算速度

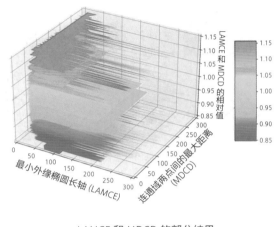

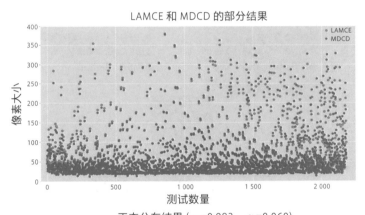

LAMCE 和 MDCD 的部分结果

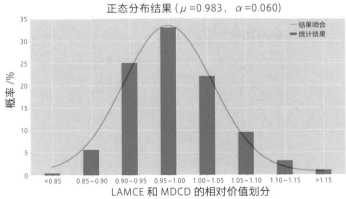

正态分布结果（μ=0.983，α=0.060）

图 3-4　水磨石饰面材料配比分析算法效果

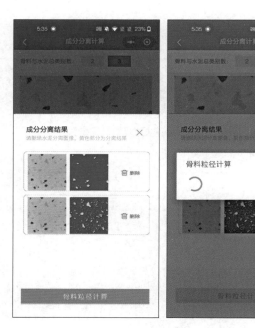

（a）APP 操作流程

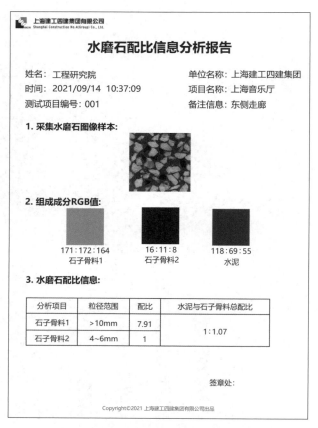

（b）配比信息分析报告（pdf格式）

图 3-5　水磨石配比分析小程序操作流程及生成报告展示

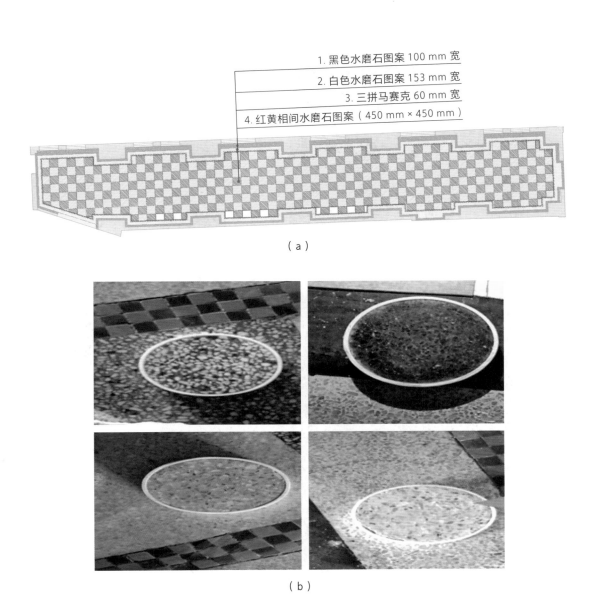

1. 黑色水磨石图案 100 mm 宽
2. 白色水磨石图案 153 mm 宽
3. 三拼马赛克 60 mm 宽
4. 红黄相间水磨石图案（450 mm × 450 mm）

（a）

（b）

图 3-6　水磨石材料信息数字化

无须像以往花费数十天的多次重复试配比对，显著节省了工期、人工与材料成本。另外还形成了水磨石配比效果数字化评价标准，可对水磨石试配小样进行二次检测，评价其复原效果，改善了传统烦琐、低效的人工试配分析方法，替代了目前仅依靠人眼视觉的主观评价体系。

　　水刷石饰面是上海近现代历史建筑的典型饰面之一，相关单位基于人工智能等现代技术，构建水刷石骨料分割深度学习模型，研发基于改进 U-Net 的水刷石配比智能分析方法，形成水刷石配比智能分析体系，实现典型水刷石饰面材料配比的快速化、智能化获取，为建筑遗产的保护和修缮奠定了坚实基础，也促进了传统工艺与现代技术的融合，如图 3-7 所示。

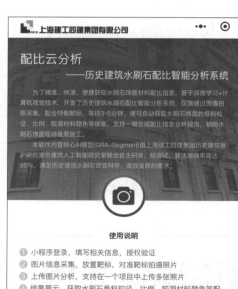

配比云分析
——历史建筑水刷石配比智能分析系统

为了精准、快速、便捷获取水刷石饰面材料配比信息，基于深度学习+计算机视觉技术，开发了历史建筑水刷石配比智能分析系统，仅需通过图像拍照采集，配合特制靶标，等待3-5分钟，便可自动获取水刷石饰面的骨料粒径、比例、胶凝材料颜色等信息，支持一键生成配比信息分析报告，辅助水刷石饰面现场复原施工。

本软件内置核心AI模型(GRA-Segment)由上海建工四建集团历史建筑保护研究室与建筑人工智能研究室联合自主研发，经测试，算法准确率高达95%，满足历史建筑水刷石饰面科学、高效复原的需求。

使用说明

① 小程序登录，填写相关信息，授权验证
② 图片信息采集，放置靶标，对准靶标拍摄照片
③ 上传图片分析，支持在一个项目中上传多张照片
④ 结果展示，获取水刷石骨料粒径、比例、胶凝材料颜色等配比信息
⑤ 报告输出，支持一键生成配比分析报告，保存至移动设备

上海建工四建集团有限公司

水刷石配比信息分析报告

项目名称：		取样部位：	外墙
取样时间：	2023/6/1	取样人员：	张三
联系方式：	129456789012	接收邮箱地址：	123456789@qq.com

1. 采集样本：

2. 配比信息：

石子粒径范围	3-4mm
石子颜色配比	半透明骨料：白骨料：黑骨料=8:1:1
水泥与石子体积比	水泥：石子=1:1.15
水泥颜色	灰白色，建议 R:G:B=250:249:246

3. 实体小样：

上海建工四建集团有限公司出品

上海建工四建集团有限公司

4. 复原技术控制要点：

材料的规格、颜色、配比等应符合本报告的相关要求。

石子应颗粒坚实，不得含有粘土及其他有害物质，使用前应过筛并冲洗干净；水泥应有出厂合格证及性能检测报告，不同品种、不同标号的水泥不得混合使用，使用前或出厂日期超过三个月必须复验，合格后方可使用。颜料应选用耐碱性和耐光性好的矿物质颜料。

签章：

上海建工四建集团有限公司出品

图 3-7　水刷石材料配比智能分析

3.3 修缮工艺三维可视化

随着社会的不断发展，传统营造工艺日渐流失、工匠断代等因素给建筑遗产的保护修缮带来了很大的难题，修缮工艺的记录与传承，对建筑遗产保护修缮的施工现场指导与实施效果把控具有重要作用。

建筑遗产修缮工艺的三维可视化具有广泛的应用前景和深远的社会意义，旨在将修缮材料、修缮工具、修缮工序、控制要点等关键内容，采用影像视频、三维模型动画等可视化方式生动、直观地呈现，不仅有助于传承和发扬建筑遗产的修缮技艺，还能够促进工匠队伍的建设、规范施工操作、落实可视化交底，提高修缮工程的质量和安全。

3.3.1 修缮影像视频拍摄

修缮影像视频记录作为一种高效、直观的技术手段，被广泛应用于施工领域。运用修缮影像视频，不仅可以详细记录施工工艺，还能够指导施工过程的可视化交底，实现修缮工艺的传承，保障工程的顺利进行。邀请技术娴熟的老工匠，将标准修缮工艺进行实际操作，运用高清摄像机进行影像视频拍摄，详细记录修缮工艺的每一个关键步骤，包括准备工作、材料选择、工具使用、操作流程等。这样可直观地展示施工过程，避免信息遗漏和误解，减少沟通和协调成本，推进施工的顺利实施。修缮工艺影像视频成果呈现如图 3-8 所示。

修缮影像视频拍摄通常分为三个步骤：拍摄准备、工艺拍摄、后期处理。

（1）拍摄准备。制订拍摄计划，规划拍摄时间、地点、所需设备、人员分工等，准备包括摄像机、三脚架、灯光设备、收音设备等在内的专业拍摄工具。在施工现场进行拍摄前，需进行场地布置，消除安全隐患，确保场地安全，并预先调试光线，光线不足需增加光源。

（2）工艺拍摄。按照拍摄计划进行正式拍摄，按工序步骤拍摄施工工艺，包括材料、工具、操作手法，需保证拍摄工艺的正确性与清晰度。

（3）后期处理。拍摄完成后，对视频进行专业的剪辑、配音、配乐等后期处理，提升视频的专业性和观赏性。

3.3.2 三维模型动画制作

通过制作三维模型动画的方式，将修缮工序、材料、工具、控制要点等进行呈现，形成可视化文件，实现修缮工艺的指导与传承。这种呈现方式不仅有助于普通公众对建筑遗产修缮技艺的理解和认识，也能为专业工匠提供一个直观的学习平台，工匠们可以通过观

（a）清洗墙面

（b）清除松动砖缝及风化砖面层

（c）排盐除碱

（d）墙面渗透增强

（e）墙面修补

（f）勾底缝

（g）勾面缝

（h）喷洒憎水剂

图 3-8　清水砖墙修缮工艺影像视频成果呈现

看三维模型动画，更准确深入地了解修缮技艺的操作技巧，提高自身技艺水平。同时在施工过程中，工匠们可以参考三维模型动画中的标准操作流程，确保每一步都符合规范，从而避免因操作不当导致的质量问题，提高施工效率，保障修缮工程的质量和安全。修缮工艺三维模型动画的呈现形式如图 3-9 所示。

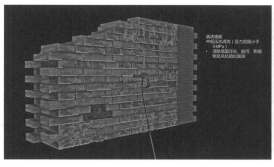

（a）清洗墙面

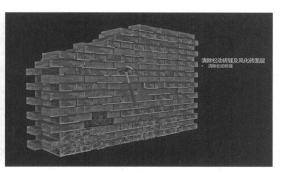

（b）清除松动砖缝及风化砖面层

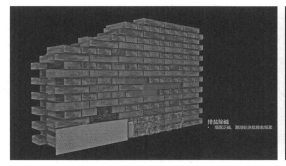

（c）排盐除碱

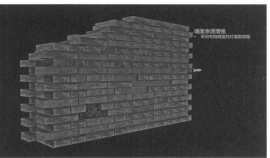

（d）墙面渗透增强

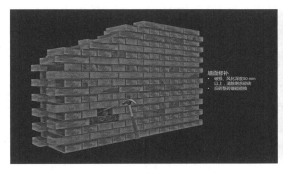

（e）墙面修补

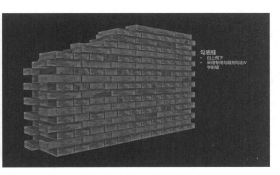

（f）勾底缝

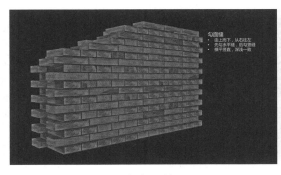

（g）勾面缝

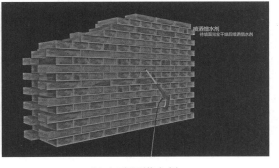

（h）喷洒憎水剂

图 3-9 清水砖墙修缮工艺三维模型动画呈现

修缮工艺三维模型动画制作通常分为三个步骤：前期准备、中期制作、后期制作。

（1）前期准备。明确修缮工艺的具体内容和要求，包括场景、细节、动画效果等。根据标准修缮工艺，编写三维动画剧本，确定视角、动作、音效等内容。

（2）中期制作。在三维软件中，根据前期准备的资料和剧本，对修缮工艺中的场景、工具、设备等元素进行建模，并为已建好的模型添加材质和贴图。根据剧本和分镜故事板，为模型添加动画效果，如移动、旋转、变形等，制作出每一个镜头的动画。

（3）后期制作。将所有镜头进行剪辑和合成，并添加字幕与配音，形成一个完整的修缮工艺三维动画，同时对动画进行最后的优化和调整，确保动画质量达到最佳状态。

3.4 修缮工艺材料样本库构建

作为建筑和材料的衔接层级，工艺一方面反映了建筑发展和工业化水平的历史进程，另一方面工艺呈现出围绕材料的配套性，如木材的加工、生产、安装等环节具有完整的成套工艺。某一环节技术和工艺的变化，必然会带来其他环节技术和工艺相应的调整和适应，也会影响到建筑构件的加工手法。因此，工艺信息库的建立可以作为建筑信息库和材料信息库的重要抓手，为有效管理和利用信息起到关键作用。

此外，在历史建筑修缮项目中对于修复的原真性有较高要求，在修缮中需使用的材料工艺种类繁多，但原材料、原工艺的信息难以搜集，各个工种信息之间相互分离、缺乏系统性与联动性，不便于管理与利用。通过建立对修缮工艺的通用要素体系，控制影响工艺效果的因素，最终实现工艺信息的标准化、规范化存储和利用。

3.4.1 信息要素识别

首先，通过信息要素的识别，确定每条工艺材料的信息内涵，确保工艺材料筛选检索的效率和信息的规范性。建筑修缮工艺材料特征、构建保护修缮工艺材料库要素体系的最终目的是明晰材料工艺的通用性和特殊性，最终在修缮中有的放矢地进行工艺材料选择、信息管理和利用，各要素内容详见表3-2。在工艺材料要素组成方面，主要由本体要素、关联要素两个方面来组成工艺材料样本库的数据结构。

1）工艺本体要素

工艺本体要素具有唯一性，是甄别不同工艺的标签，便于通过检索找到同类型的工艺信息。

表 3-2　历史建筑工艺（材料）通用要素

要素属性	要素类型	要素	
本体要素	工艺名称	工艺编号、工艺标识	
	工艺类型	应用年代	工种类型
	工艺来源	实际做法、质量标准、参考规范等	
	步骤说明	工序步骤	步骤顺序、步骤名称、操作流程、操作要点
		整体说明	
	质量标准	标准名称、具体质量要求	
	参考规范	规范名称、具体相关规定	
	应用部位	工艺应用部位	
关联要素	材料	材料名称、材料类型、尺寸规格、生产标准、厂商信息等	
	构造	构造名称、应用部位、构造说明等	
	工具	工具名称、尺寸规格、生产厂商等	
	应用建筑	建筑名称、建筑类型	

（1）工艺名称及类型。在工艺类型的划分上，可以从应用对象（年代）、工种分类、应用部位三个方面进行定义，如图 3-10 所示。在应用对象（年代）方面，可以分为古建筑工艺、近现代建筑工艺和现代建筑工艺。古建筑工艺的传统营造谱系中根据建筑材料区分工种，如砖瓦作、石作、土作、大木作、小木作和油饰彩画等。发展到近现代，在原有工种体系上增加了新材料，且进一步细分建筑部位，如地基基础、屋面、楼地面等。修缮工艺根据修缮目的可以进一步分为清洗工艺、加固修复工艺、卸解工艺、防护工艺等。通过综合以上分类方法，便于从多个维度对工艺进行查找和分析。

（2）工艺详细说明。工艺详细说明是对工艺内容的具体展开，包括工艺来源、质量标准、参考规范、步骤说明。建筑工艺在步入近现代后，逐步标准化、规范化，具有可溯的信息来源，如相关的质量标准、规范图集、施工技术规程等。通过追溯信息来源也可以进一步验证工艺的规范性。也有部分传统工艺未进入标准化体系，或实际做法和规范所规定的有差异，这部分工艺仍保留"实际做法"作为来源记录，同时将相近的质量标准记录进行对比，以供后续工艺改进时做参考。

2）材料本体要素

材料主要通过名称和类型加以区分，材料的分类主要根据其客观类型，如砖、石材、木材、（钢筋）混凝土等。

3）工艺关联要素

工艺关联要素是其他信息层级的要素，对于工艺来说不具有唯一性，如材料、构造、应用建筑等。其中材料的信息由材料库录入后，此处仅做绑定关系。

图 3-10　建筑工艺类型图

4）材料关联要素

材料关联要素包括材料的尺寸规格、生产标准、厂商信息等。

3.4.2　信息数据格式

1）信息数据格式类型

常见的数据信息格式主要分为文本、图片、视频和三维模型，见表 3-3。阐释型的信息主要采用文字和二维矢量图结合的形式，工艺步骤说明、构造应以图片为主，辅以文字信息。三维模型或视频动画可以用于同时展现工艺的具体步骤和应用部位，同样也应辅以文字信息。

表 3-3　常见的信息数据形式

类　型	数字化形式	特　　点	适　用　性
内容阐释型	文字	经过精心的组织，具有侧重性的表述，是知识传达的基础形式	适用于全部要素，工艺步骤说明、构造应以图片为主，辅以文字信息
	二维矢量图	每个要素都自成一体、由可编辑的点线面组成的图像	
物质再现型	文字	经过精心的组织，具有侧重性的表述，是知识传达的基础形式	可用于同时展示应用部位和工艺步骤说明
	三维模型	三维立体模型，空间的客观再现	
	视频动画	在三维模型的基础上加入时间维度，可展现同一地点的物质随时间变化	

（1）文本信息。文本数据按格式主要分为无量纲结构化数据、有量纲结构化数据和非结构化文本文档数据。无量纲结构化数据具有系统性和规范性，便于查询取用。非结构化文本文档数据具有陈述和记录功能。有量纲结构化数据主要是精确性描述的数值，便于统计运算。

（2）图片、视频和三维模型。图片、视频和三维模型的数据格式需要同时满足格式兼容性与呈现效果，例如三维模型数据量过大的时候，可以上传录制三维模型场景的视频，来展现工艺的具体施工工序与施工效果。

2）结构化数据字典表

结构化数据提供了数据的规范内容，在用户上传或编辑数据时，形成可供选择的列表，节约数据内存，同时数据库管理员可以在同一字典类目下对字典项进行修改和添加，详见表 3-4。

表 3-4　建筑工艺材料字典表

字典类	字　典　项
工艺类型	古建筑营造工艺、古建筑修缮工艺、近现代建筑营造工艺、近现代建筑修缮工艺、现代建筑营造工艺、现代建筑修缮工艺等
工种类型	石作、土作、大木作、小木作、油饰彩画、泥水工、装饰工、抹灰工、水暖工、木工、电工、砖瓦作等
应用部位	屋面、楼地面、地基基础、砌体结构、混凝土结构、木结构、钢结构、装饰装修等
材料类型	砖、瓦、石材、（竹）木材、金属、玻璃、涂料类、抹灰类、砂浆、（钢筋）混凝土、复合材料等

在实际开发过程中，工艺材料数据库是整个建筑数字化系统数据库的有机组成部分，包含大量相互关联的信息，因此需考虑工艺材料数据库与其他数据库的衔接性。从系统的整体角度考虑，主要包括建立相同字段的关联关系，以及明确工艺材料库的业务流程。

3.4.3.1　结构化字段的关联关系

根据相同或相近结构化字段的关联关系，可以实现不同层级信息的快速绑定，如工艺的工种与材料的类型具有对应关系，工艺的应用部位与构件所在部位也具有对应关系，通过建立一对一、一对多或多对多的匹配关系，可以实现绑定特定构件和特定的材料类型。不同数据表之间的常见关系有三种：

（1）一对一。表中的每条记录在对方表中只有一条记录与之匹配。如工艺库"应用部位"与构件"所在部位"，对编号唯一的每一项"应用部位"而言，仅有一条"所在部位"信息与之对应。

（2）一对多。A表的一条信息，在B表中有多条信息与之相匹配，但在B表中的每一条信息仅能与A表中的一条信息匹配。如工艺库"工艺工种"中的每条信息都能与材料库"材料类型"中的多条信息相匹配，而材料库中的"材料类型"每条信息仅能与工艺库中的"工艺工种"一条信息相匹配。

（3）多对多。多对多的关系往往都不是两表间的直接关系，往往通过定义第三个中间关系表来完成，且多对多的关系可以转化为一对多的关系。如"构件名称"与"工艺名称"是多对多的关系，它们通过"应用部位"和"材料类型"作为中间表相连。

3.4.3.2　关系型数据库中信息表的联系

关系型数据库中信息表的联系可通过实体-联系图进行展现。实体-联系图也称E-R图，提供了表示实体类型、属性和联系的方法，可以用来构建构件、工艺、材料、构造等要素表之间的关联，使其关系变得清晰。

1）数据录入

在数据上传的实际业务中，用户一般从空间实体单元进行数据录入，将构件或部位作为录入的空间单元。此时可以通过关联标签如"所属部位"绑定工艺库中对应"应用部位"的相关工艺名称或跳转进入构件库进行新增。构件或部位所绑定的工艺可供之后的修缮和日常维修保养作为参考，数据录入的路径如图3-11所示。

2）数据查找

结构化文本数据可以通过条件筛选后进行逐一查找，通过多维度的属性查询，能够分析和利用建造知识。非结构化的文本文档数据可以通过模糊检索实现关键信息查找。

3）数据示例

（1）工艺名称：石材小缺损修复工艺。

（2）应用年代：近现代建筑修缮工艺。

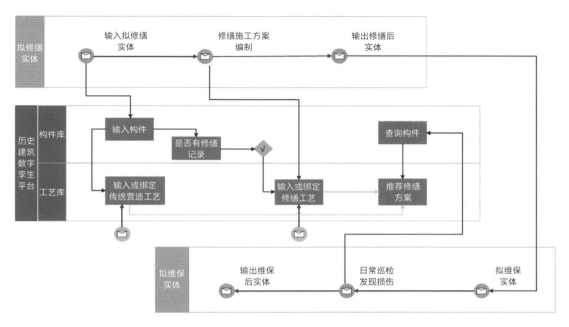

图 3-11　历史建筑工艺输入路径

（3）工种类型：石作。

（4）工艺来源：实际做法。

（5）应用部位：墙面、楼地面、台阶。

（6）步骤说明：清理创面→调色配比→材料填充→打磨平整→二次调色→表面防护，如图 3-12 所示。

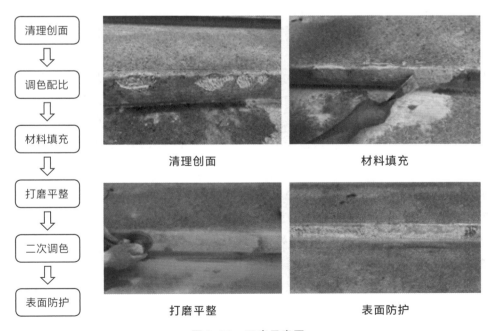

图 3-12　工序示意图

① 清理创面：用毛刷和刀片清理残渣，对创面进行拉毛处理，并用清创药剂对创面进行清洁，避免修补处出现黑线。

② 调色配比：比照原石材的深色石子粒径和颜色，调配修补料。

③ 材料填充：用修补料填充断裂处，高出完成面 1～2 cm。

④ 打磨平整：用角磨机打磨整平修补处，打磨范围控制在缺损面范围内。

⑤ 二次调色：将打磨后的修补处再次比照周边石材效果，进行颜色矫正，如果打磨处颜色差异较大适当做着色处理。若石材表面具有糙面处理效果，如荔枝面、火烧面等，应在石材打磨平整处适当做糙面凿毛处理，确保效果协调。

⑥ 表面防护：用抗渗处理剂对完成面进行均匀饱和涂刷，提高石材表面抗渗抗污效果。

3.5　修缮工艺材料数字化传承

工艺传承是建筑遗产保护修缮的关键环节，传统的建筑遗产修缮工艺和材料的传承方式主要有以下几种：

（1）口传。老师傅口述传授给学徒，学徒通过听、模仿及老师傅指导进行学习。

（2）师徒制。老师傅亲自指导学徒，通过辅导和实践，逐步将技艺传承给学徒。

（3）家族传承。个别工艺在家族中代代相传。

（4）学习班和培训课程。通过参与学习班或者培训课程等专门的教学课程来传授和培养传统工艺。

随着修缮行业内技术工匠老龄化现象的日益严重，"传帮带"人才培养输出的效率越来越低，行业内从业人员基础学习难度增加，缺乏系统的学习路径，人才断代的问题也日益突出，传统的传承方式将面临越来越多的问题。另外，数智化的传承技术不仅仅局限于保护修缮的实施阶段，而应面向建筑遗产的全生命周期，利用数智化的手段提升传承的效率和生动性，为历史建筑全生命周期的保护修缮提供技术支撑。

建筑遗产营造时间较早，大多数经历了多次的修缮和改造，原始营造信息及历次修缮信息遗失现象较为严重，数智化传承的首要任务是需要完成特征信息的采集与展示。其次，创建建筑遗产特色部位修缮信息模块，构建反映特色部位修缮信息的损伤查勘、修缮工艺、修缮材料、修缮工匠为代表的子目录框架，并按照修缮年代进行归类，实现修缮信息的迭代和更新。最后，将基于数字化测绘获取的三维实体模型、材料信息及本次修缮工程实施的信息形成电子文档，并按照框架目录进行归档，将特色部位全生命周期历史资料数字化。

建筑遗产修缮工艺材料传承的另一项难题就是传统的传承技术只是在行业内进行，如何借助数智化的技术手段实现传承技术的可阅读也是需要解决的问题之一。某单位针对历史建筑全生命周期保护修缮需求，基于修缮材料、工艺、构造的三维可视化，构建面向历史建筑全生命周期的数字孪生平台，整合涵盖建筑整体、保护部位、特色构件的历史建筑三维数字化模型，集成历史人文信息、建造工艺材料、建筑构件损伤、历次的修缮工艺材料等数据，登录平台进入特色部位模块后，可支持数字媒体与历史建筑进行互动，对建筑整体及周边环境进行全景浏览，支持建筑内部场景沉浸式三维漫游，实现对建筑物内部空间全方位观摩；同时点击特色部位构件，可快速获取特色构件的价值特征、构造形制、修缮材料与工艺以及历次修缮记录等信息，如图 3-13 所示。

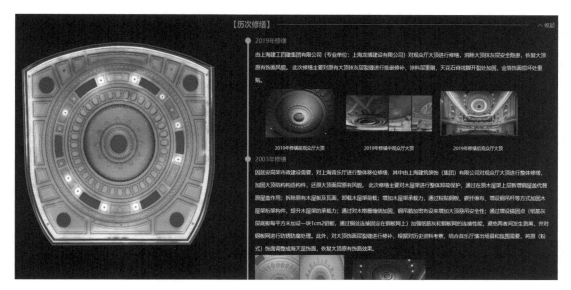

（a）

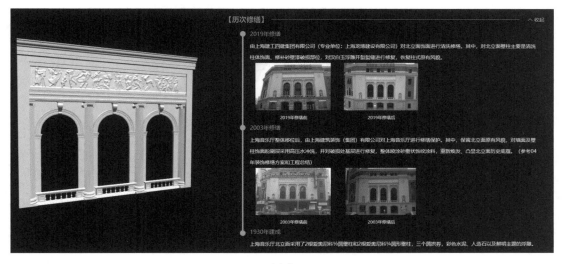

（b）

图 3-13　上海音乐厅特色构件数字化信息展示

通过上述技术，一方面可以对建筑遗产文化价值进行全面性阅读；另一方面可快速了解特色构件修缮保护工艺，追溯相关修缮数据信息，为建筑遗产及其特色部位全生命周期维护管理提供数据支撑，推动建筑遗产可持续利用。

参考文献

[1] 王巍,窦巍,马驰.图形技术在非遗保护与传承方面的应用[J].包装工程,2018,39（12）:7.

[2] 郑时龄.上海近代建筑风格[M].上海:同济大学出版社,2019.

[3] 邵青.海南黎族传统手工艺数字化保护与传承研究[D].海口:海南师范大学,2024.

[4] 李浈.中国传统建筑形制与工艺[M].上海:同济大学出版社,2015.

[5] 唐英,王寿宝.房屋构造学[M].北京:商务印书馆,1938.

[6] 戴仕炳,张鹏.历史建筑材料修复技术导则[M].上海:同济大学出版社,2014.

[7] 亓群,李海生,韩松灿,等.装配式生产工艺数据库体系构建研究[J].施工技术（中英文）,2022,51（22）:21-24,30.

[8] 中华人民共和国国家质量监督检验检疫总局,中国国家标准化管理委员会.天然花岗石建筑板材:GB/T 18601—2009 [S].北京:中国标准出版社,2009.

[9] 中国石材协会.石材护理技术规范:T/CSBZ 004—2016[J].石材,2017（2）:40-52.

[10] 广东省石材行业协会.石材应用护理工艺技术规范:T/GDSA 001—2022[S],2022.

第 4 章

建 筑 遗 产
数 智 化 预 防 性 保 护

在建筑遗产预防性保护领域运用的数智技术主要有数字孪生模型底座技术、图像采集与识别技术、智能评估与诊断技术、数值仿真分析技术和结构安全整体评估技术等。这些数智技术在建筑遗产的预防性保护中发挥着至关重要的作用，它们不仅改变了传统只能依靠人工实施数据采集、病害监测分析、安全监测和安全评估等预防性保护工作，还提升了上述工作的效率和准确性，为建筑遗产的长期保存和传承提供了新的可能。本章将从建筑遗产特色饰面维修保养、重点部位结构安全监测和预防性保护管理平台三个方面，介绍数智技术在建筑遗产预防性保护中的应用情况和发挥的作用。

4.1 预防性保护内涵

建筑遗产的预防性保护，是指通过采取一系列科学、系统的措施，在建筑遗产受损之前或损害刚刚发生时，及时介入并消除导致建筑遗产受损的各种潜在因素，从而最大限度地降低文物受损的风险，减缓建筑遗产的老化过程，确保建筑遗产的安全和完整。

在建筑遗产价值保护、延续过程中，预防性保护技术主要是从建筑表观饰面的维修保养和重点结构部位安全监测两个方面着手，发现并消除由于材料劣化、自然侵蚀、外力入侵等因素造成的建筑表观饰面损伤风险和结构安全风险，从而保证建筑遗产的价值。

预防性保护的核心在于"预防"二字，它是一种贯彻在建筑日常运行过程中的系统性思维。预防性保护技术主张"日常维护胜于大兴土木，灾前预防优于灾后修复"，因此，预防性保护技术作用的发挥依赖于建筑日常运行中长期的监督和维护。

然而，由于建筑运营单位往往缺少相关专业人才，而聘用专业管理人对建筑进行日常的监督、管理往往需要耗费大量的成本，因此，虽然 20 世纪 60 年代就提出了预防性保护的概念，却难以付诸实施。

数智技术的发展促使很多原来依赖于人力执行的操作可以靠智能传感器、智能装备和计算机实现，以数智技术赋能预防性保护，可以在建筑日常运行中依靠各类设备对重点保护部位饰面、重点结构部位进行数据采集、实时监测、风险识别和评估，实现建筑遗产的预防性保护。

4.2 特色饰面维修保养

上海建筑遗产融合了国际性和地域性，在西方建筑风格影响下发展，在本土化的过程中逐渐形成了独具特色、中西合璧的建筑风格。其特色饰面不仅体现了西方建筑特征，如巴洛克的弧线装饰、文艺复兴的古典柱式、哥特式的花窗玻璃、装饰艺术派的几何形铁艺等；同时又在建筑营造过程中受到本地工匠、建筑材料等因素的影响，留下了中国传统建筑的元素，如曲线形传统屋顶、木挂落、石柱础等。上海建筑遗产特色饰面的演变清晰地反映了不同时代背景下建筑营造工艺和审美旨趣的发展，同时也成为建筑遗产价值传承的重要载体。

4.2.1 建筑遗产表观损伤的预防性保护

建筑遗产特色饰面预防性保护技术主要针对饰面的表观损伤进行监控，并在损伤产生或进一步劣化前采取相应预防性保护策略和技术手段，避免表观损伤的劣化影响建筑的正常使用，甚至威胁建筑的艺术价值。

表观损伤预防性保护工作主要包括以下工作阶段：特色饰面类型识别及价值评估、饰面表观损伤数据采集与识别、损伤程度诊断与评估、特色饰面维护策略制定、特色饰面维护措施实施、预防性保护工作评估与反馈，如图4-1所示。

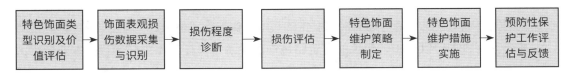

图 4-1 表观损伤预防性保护工作阶段图

1）特色饰面类型识别及价值评估

特色饰面类型识别及价值评估是建筑遗产特色饰面预防性保护的第一步。一般通过人工采用目测或借助放大镜等工具对建筑特色饰面的材质、纹理、颜色和工艺等特征进行判断，并根据经验判断其材料来源、建造年代和建造时采用的工艺技术。根据上述基础信息，专业人员通过查阅历史文献和图纸研究，对饰面的历史、艺术、科学、文化和社会价值进行评估、全面判断后，综合给出饰面的总体价值，并根据饰面价值情况给出饰面的预防性保护策略。

2）饰面表观损伤数据采集与识别

传统饰面表观损伤数据采集，首先靠专业技术人员现场目视检查，识别出裂缝、剥落、变色、污渍、风化和腐蚀等表观损伤；然后利用游标卡尺、裂缝宽度测量仪等工具进行损伤大小的测量，在图纸上进行损伤的绘图和标注，以形成特色饰面损伤分布图。最后对各类型的损伤的形态、位置、尺寸等信息进行详细标注，形成损伤记录档案；当特色饰面位于高处时，专业技术人员需要借助登高梯、脚手架等工具进行饰面表观损伤数据采集与识别。

3）损伤程度诊断与评估

根据采集的损伤基础信息，专业技术人员根据饰面类型、损伤出现的位置、外部环境等因素判断当前损伤程度及其进一步恶化的趋势，并评估该损伤对建筑特色饰面整体美观、建筑正常使用和建筑艺术价值传承的影响。

4）特色饰面维护策略制定

特色饰面表观损伤维护策略的制定需要专业技术人员凭借自身专业背景、工程经验，结合以下情况制定出一套系统的、可持续的保护计划：建筑的饰面基础情况，包括饰面的类型和当前饰面材料的老化情况；损伤诊断情况，包括损伤严重程度和损伤劣化风险大小；建筑使用与维护情况，包括建筑使用对损伤劣化的影响和建筑历史维护修复记录；饰面环境情况，包括不利环境因素等。

5）特色饰面维护措施实施

特色饰面维护措施实施是指由专业技术人员通过科学、系统的手段在建筑日常运行中，对已经出现的特色饰面损伤进行干预，有效修复或抑制损伤的进一步发展，避免由于损伤进一步发展而导致产生影响建筑正常使用或损害建筑价值的情况。

6）预防性保护工作评估与反馈

在上述专项预防性保护技术实施的过程中，专业技术人员应全面记录所有检查、维护、修复和监控数据，形成建筑特色饰面损伤发展演化档案，以便对建筑特色饰面情况进行长期的跟踪与管理。同时，应进行阶段性预防性保护工作的评估与反馈，检查预防性保护技术的实施是否达到了预期的效果，并根据评估结果及时调整预防性保护策略，从而有效延长建筑的使用寿命，减少特色饰面损伤发生的频率，保护建筑价值。

从上述内容中可以看出，传统的建筑特色饰面预防性保护工作主要依赖于专业技术人员执行，过程中会产生大量的纸质技术资料，因此，一旦专业技术人员发生疏漏，或纸质资料丢失，将难以贯彻执行预定的预防性保护策略。同时，一般建筑的运营单位往往缺乏具有预防性保护专业背景的技术人员，而聘请外部人员执行此工作又会给建筑的日常运营增加不少的成本，因此，想要采用传统方法实现建筑特色部位预防性保护，是非常困难的。

数智技术的发展使得上述预防性保护工作可以借助传感器、智能装备和计算机实现，为建筑遗产特色饰面预防性保护工作的贯彻、落实提供了可能。

4.2.2　历史建筑表观损伤数字化预防性保护技术

在建筑遗产表观损伤预防性保护的几个主要工作阶段中，目前应用数智技术较多的主要有特色饰面类型识别及价值评估、饰面表观损伤数据采集与识别、损伤程度诊断、特色饰面维护策略制定和特色饰面维护实施五个阶段。下面分别就这五个阶段中可以采用的数智技术及实现的效果进行介绍。

4.2.2.1　特色饰面类型识别及价值评估

对于位于高处的特色饰面，人工识别时需要借助登高辅助设施，不仅难度大，而且成本高；同时，不同专业人员可能会因为自身背景和偏好而对同一饰面给出不同的价值评估结果，依赖专业技术人员的特色饰面价值评估的主观性较强。采用数智技术进行特色饰面类型识别和价值评估，不仅可以减小高处等特殊位置饰面识别的难度，还可以对饰面价值进行量化评价，提升特色饰面价值评估的科学性和精准性。

目前，在建筑遗产特色饰面类型识别及价值评估工作中，使用的数智技术主要有图像识别和机器学习技术、三维扫描与建模技术、大数据与人工智能技术。

1）图像识别和机器学习技术

图像识别和机器学习技术主要可以用来进行饰面材料识别和纹理分析。通过图像识别技术，结合机器学习算法，能够自动识别建筑饰面的类型，如石材、木材、金属等。这些算法通过大量样本的训练，能够准确区分不同的饰面材料，减少了人工判断的误差。利用数字图像处理技术，可以分析建筑饰面的纹理特征，帮助识别材料的表面处理类型，如抛光、磨砂等。

2）三维扫描与建模技术

三维激光扫描技术可以高精度地捕捉建筑饰面的形状和细节，为后续的饰面价值评估提供精确的三维数据。通过扫描数据生成的三维模型可以用于分析饰面的空间布局和复杂程度，为饰面价值评估提供基础。

3）大数据与人工智能技术

大数据技术可以实现对海量数据的深入分析。通过广泛收集和深入分析大量建筑遗产饰面的数据，可以建立起详尽的数据库，形成算法训练集。借助训练集数据可以进行人工智能算法训练，帮助计算机学习和识别不同类型的饰面，并根据饰面营造时间、材料组成和形状细节等因素，进行饰面价值评估，并提供科学的评估结果。

4.2.2.2　饰面表观损伤数据采集与识别

数智技术在建筑饰面表观损伤数据采集与识别中的应用，近年来得到了广泛关注与应用。随着建筑物的老化和使用年限的增长，建筑饰面表观损伤的问题变得越来越普遍。传统的损伤检测方法主要依赖人工检测，不仅效率低、成本高，还容易受到人为因素的影响。数智技术的引入改变了这一现状，提供了更加高效、精确和自动化的解决方案。在建筑遗产饰面表观损伤数据采集与识别工作中，数字图像处理技术、三维激光扫描技术、无人机遥感技术、机器学习与人工智能技术、传感器网络与物联网技术等数智技术得到了广泛应用。

1）数字图像处理技术

数字图像处理技术是建筑饰面损伤识别中的核心技术之一。通过高分辨率的数字相机或无人机，获取建筑表面的图像数据，然后利用图像处理算法（如边缘检测、纹理分析等）进行损伤特征的提取。这种方法能够快速、准确地识别出裂缝、剥落、变色等常见的表观损伤类型。

2）三维激光扫描技术

三维激光扫描技术可以对建筑物饰面进行全方位的三维建模，生成高精度的建筑饰面点云数据。这些数据不仅能直观地显示建筑表面的几何形态，还能帮助维护团队识别出因结构变形或环境因素导致的细微表观损伤。这种技术在复杂结构的建筑遗产饰面表观损伤检测中尤为有效。

3）无人机遥感技术

无人机可以携带高分辨率摄像头、红外成像仪等设备，对建筑物的外观进行大范围、全方位的扫描。这种方法尤其适用于建筑高度较高或难以接近的区域，通过航拍图像分析，可以快速获取建筑表面的损伤信息数据。

4）机器学习与人工智能技术

通过将大量建筑表观损伤的数据集用于训练机器学习模型，特别是卷积神经网络

（convolutional neural networks，CNN）等深度学习算法，能够显著提高损伤识别的准确性。机器学习模型可以自动识别图像中的裂缝、剥落等损伤类型，并且随着数据量的增加，模型的识别精度会不断提高。这种技术可以应用于建筑遗产特色饰面损伤实时监控系统中，实现对饰面损伤的自动化、智能化监测。

5）传感器网络与物联网技术

在建筑物特色饰面关键部位布置传感器网络，可以实时监测饰面情况变化、温度、湿度等参数。这些数据通过物联网技术传输到中央控制系统，结合其他数字技术分析建筑物表观损伤的变化趋势，为建筑物饰面的长期监测提供数据支持。

随着数智技术的发展与融合，建筑饰面表观损伤数据采集与识别将变得更加智能化、自动化。

4.2.2.3　损伤程度诊断

数智技术在建筑饰面损伤程度诊断中的应用，已经成为建筑维护和管理中的重要手段。随着建筑物服役时间的增加和外部环境的影响，饰面损伤变得不可避免。利用先进的数智技术，可以更精准、快速地诊断这些损伤的严重程度，从而制定有效的维护和修复计划。在建筑遗产饰面表观损伤程度诊断工作中，数字图像分析与处理技术、红外热成像技术、三维激光扫描技术、机器学习与人工智能技术、传感器网络与数据融合技术、建筑信息模型技术与损伤诊断集成技术等数智技术得到了广泛应用。

1）数字图像分析与处理

数字图像分析是最常用的损伤诊断方法之一。通过高分辨率的摄像设备，采集建筑表面损伤的图像，并利用图像处理技术进行分析。例如，使用边缘检测、形态学分析和纹理分析等算法，可以量化裂缝的宽度、长度和分布情况，从而评估损伤的严重程度。

2）红外热成像技术

红外热成像技术通过检测建筑表面的温度差异，可以识别到隐藏在表面下的损伤，如空鼓、剥离或水分侵入等。这种技术能够直观地显示出热分布异常的区域，帮助诊断潜在的严重损伤。这在建筑遗产的早期预防性维护中尤为重要，能够帮助维护团队在损伤表面化之前发现问题。

3）三维激光扫描技术

三维激光扫描技术通过生成建筑物的三维点云数据，提供建筑表面的精确几何模型。利用这些数据，可以测量和分析建筑物表面的微小变形、位移或不均匀性，诊断出由结构性问题引起的严重损伤。这种技术还可以用于对损伤的时空演变进行追踪，评估损伤随时间的变化情况。

4）机器学习与人工智能技术

机器学习和人工智能技术在损伤程度诊断中发挥着越来越重要的作用。通过训练深度学习模型，系统可以自动识别和分类不同类型的损伤，并预测其发展趋势。例如，卷积神经网络（CNN）可以分析图像中的细微特征，判断裂缝或剥落的严重程度，并结合历史数据进行损伤进展的预测。

5）传感器网络与数据融合技术

部署在建筑饰面关键部位的传感器可以实时采集诸如温度、湿度、应力和振动等数据。这些数据通过物联网传输到中央监控系统，与图像分析、热成像、激光扫描等技术的数据结合，形成一个多维度的诊断系统。通过数据融合和综合分析，可以更准确地评估损伤的严重程度，减少误判。

6）建筑信息模型技术与损伤诊断集成技术

建筑信息模型（building information model，BIM）技术与损伤诊断的结合，使得建筑物的整体管理更加精确。通过将数智技术采集到的损伤数据集成到 BIM 中，可以对损伤进行时空定位，并与建筑物的结构信息进行对比，评估损伤对结构安全性的潜在影响。这种集成有助于制定更为科学的修复方案，并提高建筑物的维护效率。

随着数智技术的不断进步，其在建筑饰面损伤程度诊断中的应用将更加普遍和深入。未来，数智技术不仅能实现对损伤的精准诊断，还可以预测损伤的演变趋势，为建筑物的全生命周期管理提供支持，这将显著提高建筑遗产的使用寿命，降低维护成本，并确保建筑的安全性和美观性。

4.2.2.4　特色饰面维护策略制定

建筑特色饰面通常具有复杂的设计和独特的材料要求，因此对其维护不仅需要确保表观美学效果，还需保护其历史、艺术、科学、文化和社会价值。数智技术的应用可以帮助维护团队更精准地评估饰面状况，制定针对性的维护策略，延长建筑物的使用寿命。在建筑遗产特色饰面维护策略制定中，建筑信息模型技术、三维扫描与虚拟现实技术、无人机与高分辨率成像技术、材料性能分析与预测技术、数据分析与机器学习技术、远程监控与物联网技术、可视化与决策支持系统等数智技术得到了广泛应用。

1）建筑信息模型技术

建筑信息模型（BIM）技术通过创建建筑物的数字化三维模型，将建筑特色饰面的详细信息（包括材质、结构和历史修复记录）集成在一个平台中。维护团队可以通过 BIM 技术查看饰面的当前状态，评估其老化或损坏的程度，进而制定适合的维护计划。此外，BIM 技术还可以模拟不同维护措施的效果，帮助制定最佳策略。

2）三维扫描与虚拟现实技术

三维扫描技术可用于高精度地捕捉建筑饰面的形态和纹理，生成数字化的三维模型。通过虚拟现实（VR）技术，维护人员可以在虚拟环境中对建筑饰面进行"虚拟维护"，测试不同的维护方案，评估其可行性和效果。这种方法不仅降低了实际操作的风险，还节省了时间和成本。

3）无人机与高分辨率成像技术

无人机配备高分辨率相机或多光谱传感器，可以从多个角度拍摄建筑特色饰面的详细图像。通过对这些图像的分析，尤其是在难以接近的区域，维护团队能够识别出潜在的损伤或退化区域。这为精准维护策略的制定提供了关键数据，确保了维护工作的全面性和有效性。

4）材料性能分析与预测技术

利用数字技术，如有限元分析（finite element analysis，FEA）和其他计算机模拟工具，可以预测建筑特色饰面材料在不同环境条件下的性能变化。例如，通过模拟风化、腐蚀或温湿度变化对材料的影响，维护团队可以预判材料的老化速度，从而制定相应的预防性维护措施，延长饰面的寿命。

5）数据分析与机器学习技术

通过对历史维护数据、环境监测数据和实时采集数据进行分析，机器学习算法可以识别出影响建筑特色饰面性能的关键因素。基于这些分析结果，算法可以建议最佳维护时机和措施。例如，预测模型可以根据天气预报和当前饰面状况，提示最佳的清洗或修复时间，从而避免工作延误或不必要的维护操作。

6）远程监控与物联网技术

在建筑特色饰面的关键部位安装传感器，可以实现实时监控。例如，温度、湿度、振动等传感器的数据通过物联网传输到中央系统，帮助维护团队随时掌握饰面的健康状况。通过对这些数据的实时分析，系统可以自动发出维护提醒或建议，从而确保及时应对潜在问题。

7）可视化与决策支持系统

基于数智技术的可视化工具可以帮助维护人员直观地查看建筑特色饰面的损伤或老化情况。这些工具将不同来源的数据集成并可视化展示，支持维护策略的科学决策。例如，结合地理信息系统（GIS）与BIM技术的可视化系统，可以帮助维护团队了解饰面受外部环境因素影响的程度，制定针对性的区域维护策略。

随着数智技术的不断发展，其在建筑特色饰面维护中的应用将更加广泛和深入。未来，数智技术不仅能实现维护策略的智能化和自动化，还可以推动维护工作的预防性和可持续性发展。这将有助于保护建筑特色饰面的历史和文化价值，确保其在未来的长久保存和使用。

4.2.2.5　特色饰面维护实施

数智技术在建筑特色饰面维护中的应用日益广泛，为保护和修复建筑遗产提供了全新的工具和方法。目前使用较多的数智技术主要有虚拟现实和增强现实技术、数字化设计与制造技术、激光切割与雕刻技术、数据库与信息管理技术、区块链技术等。

1）虚拟现实和增强现实技术

虚拟现实（VR）和增强现实（AR）技术允许修复人员在虚拟空间中"进入"建筑，评估损坏情况并模拟修复效果。AR可以在现场指导修复工作，将数字模型与现实环境相结合，帮助工人更准确地进行修复。

2）数字化设计与制造技术

数字化设计工具如CAD软件，可以用于创建和修改饰面元素的设计，并与3D打印技术结合，制作出精确的修复部件。这在需要替换破损或缺失的装饰元素时尤为重要。

3）激光切割与雕刻技术

激光技术可以精确地切割和雕刻材料，复刻出原有的装饰图案。这对于恢复细致的石雕或木雕饰面具有重要意义。

4）数据库与信息管理技术

数智技术还可以用于创建详细的文物保护数据库，记录修复过程中的每一个步骤。这些数据可以长期保存，并在未来的修复或研究中提供参考。

5）区块链技术

通过区块链技术，可以记录建筑饰面材料的来源和加工信息，确保其真实性和可追溯性。这在高价值材料（如珍贵石材或历史建筑的修复材料）中尤为重要。

通过这些技术的应用，建筑特色饰面的修复不仅变得更加精确和高效，也使得建筑遗产得以更好的保存和传承。

4.2.3　数智技术对于建筑遗产饰面预防性保护的意义

数智技术为建筑遗产特色饰面的预防性保护提供了强大的工具，不仅提升了维护工作的质量和效率，还为建筑遗产的长期保存和传承奠定了基础。数智技术在建筑特色饰面预防性保护工作中的应用具有深远意义，主要体现在以下几个方面。

1）精确诊断与评估

数智技术能够通过三维扫描、激光测距、热成像等手段，精确测量建筑饰面的状态，提供比传统方法更为详细的数据。这使得建筑维护团队可以全面评估建筑饰面的磨损、开裂、风化等情况，为制定预防性保护方案提供科学依据。

2）降低损伤风险

在传统的维修保养中，检测和评估过程可能会对建筑本身造成一定的损伤。而通过数智技术，许多检测工作可以非接触式地进行，避免了对建筑本身的二次破坏，从而更好地保护建筑遗产。

3）提高维修精度

数智化工具，如 CAD 和 BIM 技术，可以帮助维修团队精确设计和实施维修方案。这些技术能够模拟维修过程，预测潜在问题，并帮助施工人员在实际操作中更精准地执行，减少误差。

4）延长建筑寿命

通过数智技术进行的预防性维护和实时监控，可以及时发现和解决潜在问题，防止小问题演变为大灾难。这种主动性的保养方式，有助于延长建筑饰面的使用寿命，减少未来的维修需求和成本。

5）知识传承与信息管理

数智化存档技术能够记录维修保养的全过程，包括前后的状态、使用的材料和技术、具体的操作步骤等。这些记录不仅为未来的维护工作提供参考，还为建筑保护领域的研究和教育提供了宝贵的数据资源。

6）成本效益

数智技术的应用可以显著降低维修和保养的成本。通过精确的诊断和预测，可以避免不必要的维修工作和材料浪费。同时，虚拟仿真和建模技术也能够提前测试方案，减少因错误决策带来的高昂代价。

7）公众参与与教育

通过 VR 和 AR 等技术，公众可以更好地了解和参与到建筑保护工作中。这不仅提高了人们对文化遗产保护的认识，也为建筑维护提供了更广泛的支持。

8）全球协作

数智技术使得建筑饰面维修保养中的数据和经验能够在全球范围内分享和协作。专家们可以远程参与和指导复杂的修复项目，从而提高整体的维修质量和效率。

4.3　重点部位结构安全监测

建筑遗产不仅是上海历史文化的象征，也代表着独特的建筑风格和历史记忆。结构安全在维护建筑遗产价值中起着至关重要的作用，确保其结构安全是维护其历史价值和文化遗产的重要前提。

4.3.1　传统结构健康监测方法

结构健康监测是指通过对建筑物的状态进行定期或连续监测，以评估其健康状况、预测潜在风险并采取预防措施的过程。传统的结构健康监测方法主要依赖于人工检查、非破坏性检测技术和实验室测试。以下是一些传统的结构健康监测常用的方法。

1）视觉检查

视觉检查法是由经验丰富的工程师或检查人员通过肉眼观察结构表面，检查是否存在裂缝、变形、锈蚀、剥落等明显的损伤迹象。这种方法简单直接，成本低，不需要复杂的设备。但是检查结果依赖检查人员的经验，可能会遗漏细微的损伤，且无法检测内部结构问题。

2）敲击测试

敲击测试法是通过用锤子或其他工具敲击结构表面，根据声音的变化来判断内部是否有空洞、裂缝或其他损伤。这种方法可简单地判断某些内部损伤情况，设备简单，操作便捷。但是该方法对复杂结构和深层损伤的检测效果有限，结果主观性较强。

3）超声波检测

超声波检测法是使用超声波发射器和接收器，通过测量超声波在材料中的传播速度和反射情况来检测裂缝、空洞、分层等问题。这种方法可检测内部缺陷，精度高，适用于多种材料。但是它对操作人员要求高，设备成本较高，检测速度较慢，特别是在大面积结构中。

4）射线检测

射线检测法是使用 X 射线或 γ 射线穿透材料，通过成像检测内部缺陷，如裂纹、孔洞、夹杂物等。这种方法对材料内部缺陷的检测非常敏感，能提供直观的影像。但是该方法对人体有辐射风险，操作复杂，成本高，通常仅适用于小范围检测。

5）磁粉检测

磁粉检测法适用于铁磁性材料，通过在被测结构上施加磁场，然后撒上磁粉，磁粉会集中在裂纹处，从而检测出表面和近表面裂纹。这种方法对表面裂纹检测效果好，操作相对简单。但是该方法只能检测表面或近表面缺陷，无法用于非铁磁性材料。

6）涡流检测

涡流检测是通过在导电材料表面施加交变磁场，产生涡流，并监测涡流的变化来检测裂纹、腐蚀等缺陷。这种方法属于非接触检测，适合于导电材料，能检测表面和近表面缺陷。但是该方法的检测深度有限，且对非导电材料无效。

7）传感器测量

传感器测量法是通过在结构的关键部位安装传感器，通过传感器监测结构的关键力学和变形性能指标变化情况。该方法能够实时监测结构受力及变形状态，提供结构受力和变形信息。但是该方法需要在结构关键部位安装传感器，可能对结构造成额外的负担。另外，传感器维护复杂，容易受环境因素影响。

8）负载测试

负载测试法通过对结构施加已知的荷载，并测量其响应，如位移、应力、应变等，来评估结构的承载能力和健康状况。该方法能直接验证结构的实际承载能力，效果直观。但是该方法需要施加较大的荷载，可能存在一定的安全风险，测试过程复杂，成本较高。

9）振动分析

振动分析法通过测量结构的振动特性，如自然频率、模态形状和阻尼比，来评估结构的刚度和潜在损伤。该方法对整体结构的健康状况有较好的诊断效果，能够检测到结构刚度的变化。但是振动分析法的分析过程复杂，对设备要求高，需要专业人员操作和结果处理。

这些传统的结构健康监测方法在工程实践中广泛应用，虽然有一定的局限性，但仍然是确保结构安全的重要手段。随着技术的发展，这些传统方法常常与现代的数字技术结合使用，形成更加全面和有效的结构健康监测体系。

4.3.2　数智技术在结构健康监测中的应用

数智技术在建筑遗产结构健康监测中的应用正在迅速发展，显著提升了监测的精确性、实时性和效率。这些技术不仅能够实时获取结构的各种数据，还能通过先进的数据分析和处理方法，提前预警潜在的结构问题，从而保障建筑的安全与寿命。在建筑遗产重点部位结构健康监测中，可以使用的数智技术包括智能传感器与物联网技术、大数据与云计算技术、人工智能与机器学习技术、建筑信息模型技术、边缘计算技术、区块链技术、边缘 AI 与嵌入式系统技术等。

4.3.2.1　智能传感器与物联网技术

1）智能传感器技术

智能传感器包括应变计、加速度计、位移传感器、温湿度传感器等，能够实时采集建筑结构的各种物理量。这些传感器广泛应用于监测建筑物的应力、振动、位移、温度等参数，帮助识别结构的异常变化。与传统一般传感器相比，智能传感器具有精度高、实时性强、能够实现长期监测的优点。

2）物联网技术

物联网技术是通过无线传感网络，将各类传感器连接起来，形成一个全面的监测系统。采用物联网技术可以将智能传感器实时监测到的数据进行传输与远程监控，使得监测数据可以即时上传至云端进行分析和存储。物联网技术使得数据传输更便捷、系统扩展性更强，能够实现大规模监测。

4.3.2.2　大数据与云计算技术

1）大数据分析技术

针对结构健康监测产生大量数据，可以使用大数据技术进行存储、处理和分析。大数据分析技术可以通过数据挖掘和模式识别，发现结构健康状态的变化趋势和潜在问题。该技术能够处理海量数据，发现复杂的关联关系，提高监测的准确性。

2）云计算技术

云计算技术利用云平台进行数据存储、处理和分析，提供高效的计算能力和资源。云计算技术实现了数据的集中管理和多方协作，可以支持复杂的分析算法和模型。同时，该方法的可扩展性强、成本效益高、支持远程访问和协作。

4.3.2.3　人工智能与机器学习技术

1）机器学习算法

机器学习算法在结构健康监测中的应用主要是利用机器学习算法从监测数据中提取特征，进行分类、回归和预测，从而识别结构的异常模式，并预测未来的结构健康状态。该方法自动化程度高，能够处理复杂和非线性的关系，提高预测精度。

2）深度学习算法

深度学习算法通过多层神经网络，能够处理高维度和复杂的数据。该方法可应用于图像识别、信号处理和异常检测等领域，用于识别和定位结构缺陷。采用该方法可以高效处理复杂数据，并自动提取数据特征，具有极强的适应性。

4.3.2.4　建筑信息模型技术

通过将建筑信息模型（BIM）技术与结构健康监测系统集成，能够实现全面的结构健康管理。将结构健康监测数据与 BIM 技术结合，可以为建筑的运营方提供结构健康的可视化界面和管理平台。采用该方法可实现结构健康监测数据的集中管理，支持综合分析和决策。

4.3.2.5　边缘计算技术

将结构健康监测的数据处理和分析任务分布到网络边缘设备上，可以减少数据传输延迟，从而实现实时处理监测数据，快速响应结构健康变化。采用边缘计算技术进行结构健康监测数据处理，可大幅降低带宽需求，并提高数据处理速度，增强系统的实时性。

4.3.2.6　区块链技术

结构健康监测数据是判断、评估建筑安全性的重要信息，采用区块链技术可以确保监测数据的安全性和不可篡改性，从而提高数据的安全性和透明度，防止数据篡改和伪造。

4.3.2.7　边缘 AI 与嵌入式系统技术

如上所述，随着智能传感器等设备的使用，结构健康监测将会产生海量的监测数据，这对数据传输和后续数据处理设备都提出了较高的要求。采用边缘 AI 和嵌入式系统技术可以将 AI 算法嵌入到传感器或边缘设备中，实现本地智能分析，从而在数据采集点进行初步的数据处理和异常检测，减少数据传输量和延迟。该技术能提高系统的响应速度，降低数据传输成本，增强系统的自主性。

4.3.3　数智技术对于建筑遗产结构健康监测的意义

数智技术的应用实现了对建筑遗产重要结构部位的实时性、连续性、自动化和智能化监测，同时提高了结构健康监测数据的可靠性，为后续建筑遗产重要结构部位的维护和管理提供了依据。总体而言，相比传统结构健康监测方法，数智技术的赋能使得建筑遗产结构健康监测具有以下几方面的优势。

（1）实时性与连续监测。数字技术能够实现对建筑遗产重点部位结构的实时、连续监测，及时发现和响应潜在的结构问题，避免灾难性事故的发生。

（2）高精度与高可靠性。先进的传感器和数据分析技术提高了监测的精度和可靠性，能够检测到微小的结构变化。

（3）自动化与智能化。通过自动化的数据采集和智能化的数据分析，减少了对人工检测的依赖，提高了监测效率。

（4）数据驱动的决策支持。大数据和人工智能技术提供了强大的数据分析能力，为结构维护和管理提供科学依据。

（5）成本效益。长期来看，数字技术能够降低维护成本，通过提前预警减少大规模维修的需求。

数智技术在建筑结构健康监测中的应用，极大地提升了监测的精度、效率和智能化水平。通过结合智能传感器、物联网、大数据、人工智能、区块链等多种技术手段，结构健康监测系统能够实现全面、实时和高效的结构健康管理。然而，要充分发挥这些技术的优势，还需要克服数据管理、技术集成、成本控制和专业人才等方面的挑战。未来，随着技术的不断进步和创新，数智技术将在建筑结构健康监测中发挥更加关键和广泛的作用，助力建筑遗产安全与可持续发展。

4.4 预防性保护管理平台

预防性保护管理平台在建筑预防性保护工作中的意义重大，它通过系统化、信息化的管理手段，提升了建筑遗产预防性保护工作的效率、精准性和可持续性。在建筑遗产的预防性保护中，预防性保护管理平台主要有以下几方面作用。

1）全面监测与实时数据收集

预防性保护平台集成了各种传感器和监测设备，能够实时采集建筑表观饰面和结构健康监测数据，如应力、变形、温度、湿度等关键指标。这些实时数据可以帮助管理者快速掌握建筑状况，及时发现潜在问题，从而避免小问题升级为大问题。图4-2、图4-3所示

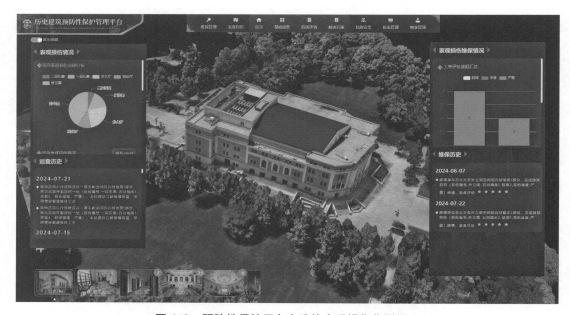

图4-2 预防性保护平台中建筑表观损伤监测页面

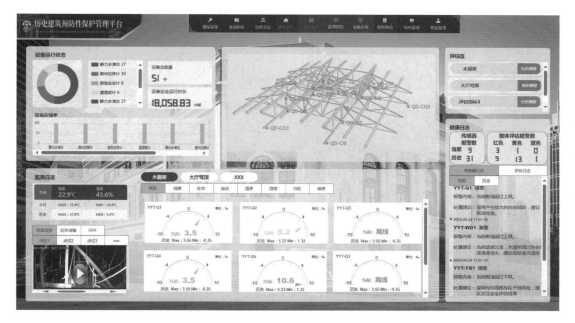

图 4-3　预防性保护平台中建筑重点部位结构安全监测页面

分别为上海四建开发的历史建筑预防性保护平台中建筑表观损伤监测页面和重点部位结构
安全监测页面。

2）**精准预警与问题定位**

预防性保护平台通过分析实时数据，可以及时识别出建筑表观饰面和结构中可能存在
的风险，并发出预警信号。预警机制使得管理人员能够迅速采取预防措施，防止事故发生。
此外，平台能够精准定位问题区域，减少盲目维修。上海四建开发的历史建筑预防性保护
平台中重点部位结构安全监测页面包含对各单项监测指标的超限预警和基于结构整体安全
评估逻辑和监测数据的结构整体安全评估预警。

3）**优化维护计划与资源配置**

基于收集的数据和历史记录，预防性保护平台能够生成优化的维护计划，确定最佳的
维修时间和方法。有效的维护计划减少了不必要的维修，优化了资源的使用，降低了建筑
的运营成本。如图 4-4 所示，上海四建开发的历史建筑预防性保护平台可为不同类型的建
筑表观损伤提供定制化的维保方案。

4）**数据管理与历史记录保存**

预防性保护平台可以长期保存建筑的各类数据和维护记录，形成完整的建筑健康档案。
这些历史数据有助于长期分析和决策，为未来的建筑维护工作提供参考。如图 4-5 所示为
上海四建开发的历史建筑预防性保护平台小程序端的建筑巡检记录。

5）**促进创新技术的应用**

预防性保护平台集成了大数据、人工智能、物联网等新兴技术，提高了建筑遗产保护
工作的技术含量和创新性，以及监测和保护的智能化水平，推动了建筑遗产保护技术的持

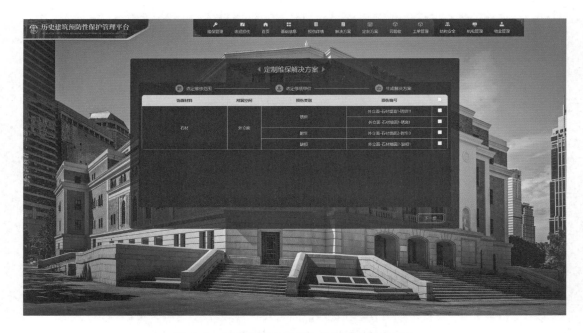

图 4-4 预防性保护平台生成的损伤维保方案

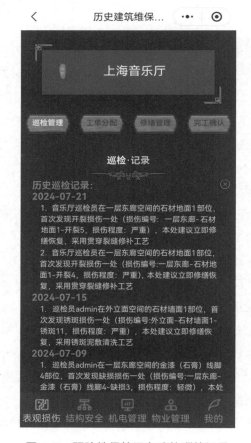

图 4-5 预防性保护平台建筑巡检记录

续进步。

预防性保护管理平台通过全面监测、精准预警、优化资源配置、延长建筑寿命和提升安全性，显著增强了建筑预防性保护工作的效率和效果。此外，平台还通过数据管理、决策支持和法规合规等方面的作用，确保了建筑保护工作的科学性、标准化和持续性。通过集成创新技术，平台不仅促进了建筑遗产保护工作的现代化，还为未来的建筑遗产管理提供了新的发展方向。

建筑遗产数字化预防性保护强调"治未病，防患于未然"和岁修制度，从原有被动式的大修保护，转变为主动式的预防性保护，通过精细化管理，实现尽早"就医"、准确"治疗"。

建筑遗产数字化预防性保护的核心目的是建筑进行潜在风险评估，通过定期检测和系统监测来分析、掌握建筑服役规律，通过灾害预防、日常维护、科学管理等措施及技术，将传统的"病后就医"转变为"病前预防"保护模式，避免建筑大修，后续可从以下几个方面开展研究。

（1）完善建筑遗产损伤病害基础性数据库。进一步总结分析建筑遗产常见病害类型；明确建筑材料的病害类型、表征及成因；制定针对性的损伤病害预防性保护措施。

（2）完善建筑遗产结构数字化监测体系。进一步研发建筑遗产结构非接触式监测技术与设备；探索基于多源、多分辨率点云数据的历史建筑真实纹理自动生成技术，建立精细化的历史建筑数字化监测点云模型；研究基于人工智能的监测数据分析、风险评估与预警技术。

（3）完善建筑遗产预防性保护数字化管理平台。在建筑遗产损伤病害数据库的基础上，研究建筑遗产损伤病害建模、数据分析、智能识别与预警技术，建立建筑遗产损伤病害"电子病历"与病害处置数字化档案。

参考文献

[1] 谷志旺,蔡乐刚,何娇,等.近现代优秀历史建筑风险分析与预防性保护方法初探[J].建筑经济与管理,2024（2）:22-25.

[2] 王荷池,陈鑫鑫,黄月.基于数字化病害管理的建筑遗产预防性保护研究[C]//兴数育人 引智筑建:2023全国建筑院系建筑数字技术教学与研究学术研讨会论文集.湘潭,2023.

第 5 章

建筑遗产
数智化保护案例分析

　　建筑遗产保护修缮过程中，常常面临因原始资料缺失造成的信息获取难、传统材料及工艺难以考证造成的保护修缮难、长期服役及材料劣化造成的损伤诊断难等科学技术问题。另外，随着对历史风貌保护和价值传承重视度的不断提升，建筑遗产预防性保护技术也逐渐成为行业的热点。本章结合召稼楼古镇中的奚世瑜住宅、上海音乐厅及兰心大戏院三个典型工程案例，分别阐述了数字化测绘技术、数智化保护修缮技术及基于数智化的预防性保护技术在上述工程中的应用情况，以推动建筑遗产全生命周期保护修缮技术的发展。

5.1　召稼楼数字化测绘案例分析

原始信息的获取是保护修缮的前提，但目前现存的建筑遗产多因营造年代久远、过程中经历多次修缮而面临原始资料缺失等问题，本节以召稼楼古镇中的奚世瑜住宅原始信息的获取为典型案例阐述数字化测绘的相关技术。

5.1.1　工程概况

位于上海市闵行区浦江镇的召稼楼古镇（浦江镇革新村内），源起于元朝初期，横跨元、明、清三个朝代，现面积达 150 亩（1 亩 ≈ 666.7 m²）之广，散落着不少规模较大、保存较完整的历史建筑。像召稼楼古镇这样大规模的文化历史遗产，在上海已很少见了，有关部门准备采取措施加强保护老建筑。召稼楼古镇拥有一批较大规模的古建筑，具有丰富的历史文化内涵，对其进行大力保护刻不容缓。

奚世瑜住宅位于召稼楼古镇中，是较为典型的上海历史建筑，为上海市文物保护单位，如图 5-1 所示。2023年，广州南方测绘科技股份有限公司上海分公司历史建筑保护研究院团队对其进行了从外业点云、影像数据采集到内业数据处理、平立剖及大样图的绘制工作。在作业过程中，工作人员严格按照修缮施工图的标准绘制图纸，完成的数据成果能有效减少测绘数据的误差以及缩短修缮设计的工期，为后期修缮施工提供了原貌原制式的数据依据。

图 5-1　奚世瑜住宅

5.1.2 数字化测绘

5.1.2.1 外业测绘工作

1）无人机倾斜影像摄影测绘

航空摄影应选择天气晴朗，能见度较高，风速 3 级以内的时间段进行。因所采用的机型为旋翼无人机，所以几乎不受场地的限制，但应远离人群，起飞前需要做好应急场地的选取，以应对出现事故时紧急迫降使用；航摄实施前应制订详细的飞行计划，针对可能出现的紧急情况制订应急预案；飞行前的检查分为静态检查、通电检查和着车检查，按照飞行手簿逐项检查并记录，重点检查飞行平台和机载设备的关键部件。结合工作区特征，进行无人机航空摄影测量的主要工作步骤如下：① 确定奚世瑜住宅范围和要求；② 根据实地踏勘情况，选择正确的航摄平台；③ 规划设计；④ 航空摄影；⑤ POS 数据解算；⑥ 影像整理；⑦ 影像移交。

2）三维激光点云测绘

三维激光扫描技术是近年来出现的新技术，其利用激光测距的原理，通过记录被测物体表面大量的密集的点的三维坐标、反射率和纹理等信息，快速复建出被测目标的三维模型及线、面、体等各种图件数据。由于三维激光扫描系统可以密集地大量获取目标对象的数据点，因此相对于传统的单点测量，三维激光扫描技术也被称为从单点测量进化到面测量的革命性技术突破。该技术在文物古迹保护、建筑、规划、土木工程、工厂改造、室内设计、建筑监测、交通事故处理、法律证据收集、灾害评估、船舶设计、数字城市、军事分析等领域也有很多的尝试、应用和探索。

（1）收集奚世瑜住宅相关资料并进行现场踏勘，设计扫描路线，根据仪器参数、扫描分辨率设定扫描距离，根据对象尺寸和扫描重叠度设定站点位置。

（2）作业前检查地面三维激光扫描仪各部件状态及连接情况、电源与内存容量、通电后的工作状态，将仪器放置在观测环境中进行温度平衡。

（3）启动照相机，选择扫描类型（Object、Target、Sphere）和扫描测量区域，可以在实时影像、图片或者点云上通过矩形或者多边形来选择扫描测量区域。

5.1.2.2 内业测绘工作

1）倾斜模型制作

使用 Smart3D 软件生产制作倾斜模型时，需基于已有的空三数据成果，充分利用航飞影像外方位及像控测量成果。对本项目航拍影像需进行影像色调调整、影像微分纠正，以精确计算空中三角测量关系，实现对测区进行真实场景还原。

2）点云模型

地面三维激光扫描数据初步处理采用三维激光扫描仪配套软件，应依点云配准拼接、坐标转换、降噪与抽稀、图像数据处理、彩色点云制作等流程进行。

扫描点云可选择控制点、标靶或地物特征点进行拼接，拼接后的点云数据应采用不少于 4 个均匀分布的已知点进行整体点云的坐标转换。根据不同的作业方法，可选择控制点、标靶、特征地物进行点云数据配准。当使用标靶、特征地物进行点云数据配准时，应采用不少于 3 个同名点建立转换矩阵进行点云配准，配准后同名点的内符合精度应高于空间点间距中误差的 1/2；当使用控制点进行点云数据配准时，二等及以下应利用控制点直接获取点云的工程坐标进行配准。

3）点云切片

将点云按照制图要求，切出平面、立面、剖面并输出正射影像。输出正射影像时需注意对其去噪，由于点云只是点的集合，在模型中前后无法遮挡，因此需要尽量清理对视图表达主题有干扰的点云，以免制图时造成前后重叠、混淆，产生对构建形态或空间状态的错误理解。

4）详图绘制要求

（1）应着重绘制体现历史风貌和地方特色的构造、装饰、材料，并以文字标注。

（2）反映传统结构和构造特色、体现传统建造工艺的复杂构件、节点，可采用专题性的轴测图、分解图等形式表达。

（3）应至少包含两道尺寸线。复杂纹样或构件详图可在控制性尺寸基础上结合模数化尺寸标注。

（4）本节未规定的，应符合现行国家标准《房屋建筑制图统一标准》（GB/T 50001—2017）、《建筑制图标准》（GB/T 50104—2010）、《总图制图标准》（GB/T 50103—2010）的有关规定。

5.1.3 主要成果

1）倾斜模型制作

数据处理中心利用瞰景 Smart3D 软件进行空中三角测量，需按照航测规范要求进行，保证精度，输出合格加密成果和评定报告，生成 obj 与 osgb 格式三维航飞区域模型。召稼楼古镇航飞区域模型如图 5-2 所示。

2）点云模型

地面三维激光扫描数据初步处理采用三维激光扫描仪配套软件，应依点云配准拼接、坐标转换、降噪与抽稀、图像数据处理、彩色点云制作等流程进行。奚世瑜住宅点云模型如图 5-3 所示。

3）点云切片

将点云按照制图要求，切出平面、立面、剖面并输出正射影像。奚世瑜住宅模型图纸切片如图 5-4 所示。

4）CAD 制图

将带有比例尺信息的切片插入 AutoCAD 中，根据比例尺对齐、缩放切片尺寸，使之与实际建筑尺寸等比例，即可制图。奚世瑜住宅测绘图成果如图 5-5 所示。

（a）

（b）

图 5-2　召稼楼古镇航飞区域模型

（a）

（b）

图 5-3　奚世瑜住宅点云模型

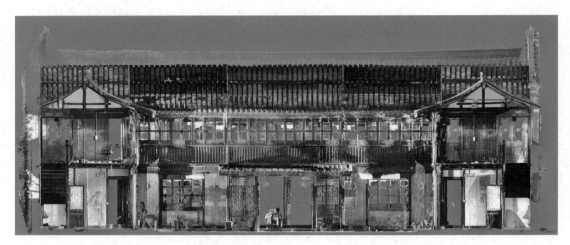

（a）

（b）

图 5-4 奚世瑜住宅模型图纸切片

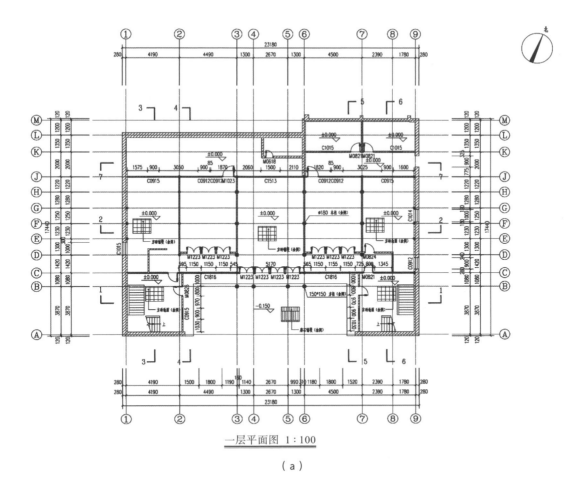

一层平面图 1:100

（a）

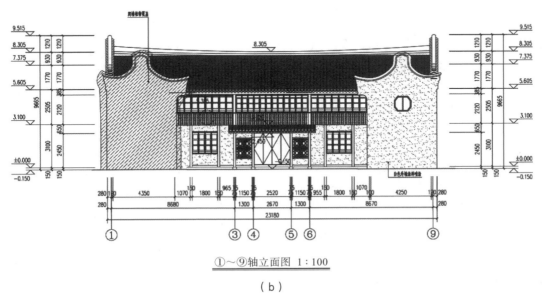

①～⑨轴立面图 1:100

（b）

图 5-5　奚世瑜住宅测绘图成果

5.2 上海音乐厅数智化修缮案例分析

　　材料和工艺是保护修缮的基础，而损伤查勘与诊断是这一过程的关键环节。本节以上海音乐厅的保护修缮为例，阐述数字测绘获取特色部位几何信息、数字查勘获取特色部位材料组分配比、饰面损伤数智化获取与诊断技术。同时，针对传统工艺失传、工匠断代等难题，阐述了传统工艺及历次修缮信息的数智化技术。

5.2.1　工程概况

5.2.1.1　建筑概况

　　上海音乐厅始建于 1930 年，原名南京大戏院，为上海第一座由中国设计师设计的欧洲古典主义风格剧场，占地面积 1 382 m^2，为 4 层钢筋混凝土梁板柱结构建筑，标志性的正面门楼上部采用两根半圆形古典圆壁柱和两根四分之一古典圆壁柱，形成三开间壁龛和三扇圆拱形窗，上方配以浮雕装饰和雕花屋檐，整座建筑典雅大气，如图 5-6 所示。

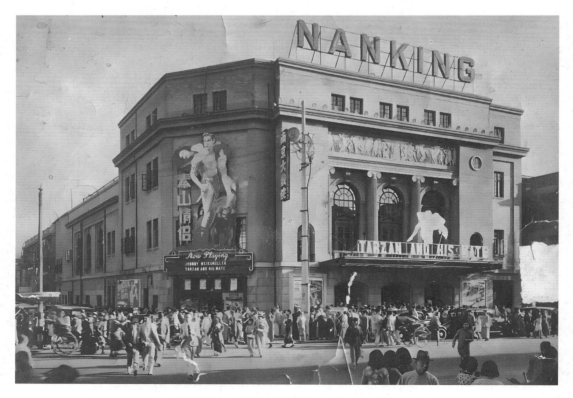

图 5-6　上海音乐厅前身——南京大戏院

1949 年后，南京大戏院改名为北京电影院。1959 年，因其独特的建筑形制和空间布局所带来的音乐演奏声学效果，北京电影院改建为上海音乐厅，至此，上海音乐厅成为全国第一座音乐厅，也是上海音乐活动中心。1989 年，上海音乐厅被列为上海市文物保护单位。2003 年，因市政高架建设，对上海音乐厅进行了整体性移位保护修缮，将上海音乐厅从原龙门路口整体迁移至现今延中绿地处；同步新增两层地下室，作为剧场配套空间；并新建西大厅和南大厅与原建筑相连，延续原有风格。因此，现有上海音乐厅由原建筑（以下称"文保区域"）及 2003 年移位后新建建筑（以下称"非文保区域"）两部分组成。总建筑面积 12 986.7 m²，其中，文保区域建筑面积约 2 557.58 m²。不同时期的上海音乐厅如图 5-7 所示。

1930 年在建中的南京大戏院

1932 年营业中的南京大戏院外景

20 世纪 50 年代的北京电影院

2000 年时的上海音乐厅外景

移位中的上海音乐厅

2004 年修缮后的上海音乐厅

图 5-7　不同时期的上海音乐厅

5.2.1.2 修缮概况

2019年3月，为解决建筑和设施设备逐步老化而无法满足更高标准演出的问题，上海音乐厅正式开启整体修缮工程。此次修缮工程由上海四建负责，主要围绕着文保区保护修缮，保留原有建筑风格，对文保区域进行外立面清洗修缮、木质窗修缮翻新，以及室内装饰墙、顶、地破损处原样修复；非文保区进行空间布局优化，装饰装修调整；同时提升舞台设备设施，已满足一流剧场演出需要。

为了充分体现价值、延续特征，在上海音乐厅保护修缮中，对外立面、北门厅和观众厅等重点保护部位的特征进行深入探究与分析，运用数字测绘、数字建模、人工智能等现代技术手段，助力修缮工程的顺利实施，实现了历史保护建筑的特征延续、文脉传承和性能提升。

5.2.2 数字测绘获取特色部位几何信息

修缮工程实施前，通过三维激光扫描、无人机航拍、近景测量等数字化测绘技术，获取上海音乐厅建筑外部空间点云数据，运用逆向几何重建、建筑信息模型转换等技术进行深度逆向实景建模，构建历史建筑整体空间数字化模型，如图5-8、图5-9所示。

通过全景影像技术采集内部空间图像信息，利用纹理映射的方式生成全景模型，真实还原历史建筑内部空间场景，如图5-10所示。

建立了建筑整体空间数字化模型，北大厅、观众厅、东走廊等建筑内部全景模型。以柯林斯柱、外立面柚木木窗、水磨石地面、观众厅穹顶、爱奥尼柱式、北进厅十字廊为主要特色部位构件的三维数字化模型，如图5-11所示。

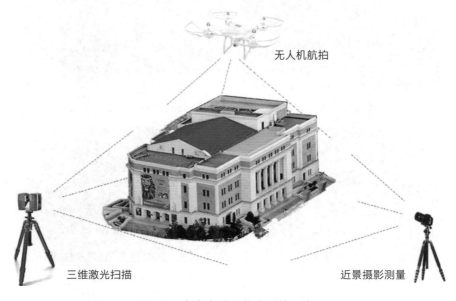

无人机航拍

三维激光扫描

近景摄影测量

图 5-8　上海音乐厅数字测绘示意图

图 5-9　上海音乐厅外部空间点云模型与建筑信息模型

图 5-10　上海音乐厅内部全景模型

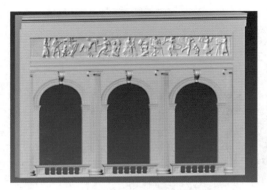

（a）北立面爱奥尼柱式

（b）柚木木窗

（c）观众厅穹顶

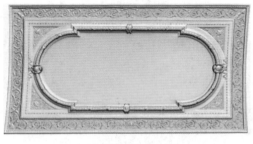

（d）北穹顶天花顶

（e）北进厅十字廊

（f）柯林斯柱

图 5-11　上海音乐厅特色部位数字化模型

通过建立不同位置的各类模型，充分掌握了整个建筑及各特色部位的典型特征情况、几何物理数据，为修缮施工单位施工效果控制、典型部位特征提取提供了最原始的数据，并为修缮施工管理提供了依据。

5.2.3　数字查勘获取特色部位材料组分配比

东走廊地坪拆除修缮时，发现一块 1930 年原水磨石地面遗迹，设计单位在征询专家意见后，要求按遗迹进行复原。为恢复原有水磨石式样色彩，饰面复原中获取材料组分配比首先需要加以解决，复原过程及效果如图 5-12 所示。

针对原饰面组分配比分析，利用电镜分析仪、拉曼光谱仪等设备，对水磨石遗迹材料组分进行分析，获取材料成分和骨料粒径大小，通过小样试配确定水磨石骨料和配比。

扫描电镜分析仪是一种大型的分析仪器，广泛应用在材料科学、生命科学、物理学、化学等学科领域。扫描电镜分析仪能通过电子与物质的相互作用，反映样品本身不同的物理化学性质，根据不同信息产生的机理采用不同的信息检测器，以实现选择检测扫描电镜的图像。对历史遗迹水磨石进行切片表面打磨处理，放置于扫描电镜分析仪下，对水磨石的粒径进行测量并做标定，如图 5-13 所示。

（a）水磨石遗迹　　　　　　　　　　（b）复原后的水磨石饰面

图 5-12　上海音乐厅东走廊水磨石地坪复原

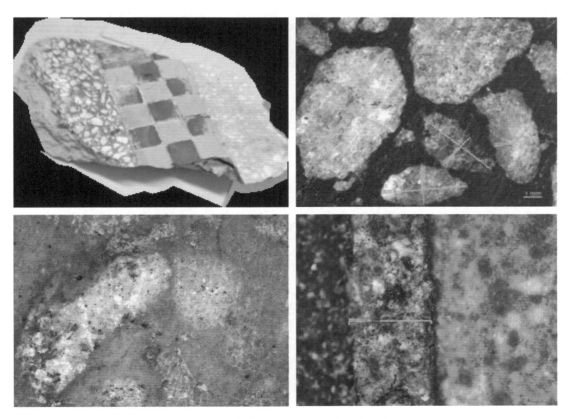

图 5-13　扫描电镜检测分析水磨石粒径大小

拉曼光谱（Raman spectra）是一种散射光谱。它是对于入射光频率不同的散射光谱进行分析以得到分子振动、转动方面信息，并应用于分子结构研究的一种分析方法。将历史遗迹水磨石样品放置在检测台上，分析水磨石中矿物质颜料光谱图，得出其中的材料组分，如图 5-14 所示。

由于上述检测需要现场取样和实验室分析，因此势必会造成历史遗迹的破坏。在此基础上，借鉴上海音乐厅水磨石复原工程案例，利用人工智能技术开发了水磨石配比分析小程序。该程序可以快速获取水磨石组分配比和色彩信息，为水磨石精细化复原工作提供了坚实的技术支撑。相关技术内容已在第 3 章中有详细介绍，因此此处不再赘述。

（a）红色水磨石——铁红

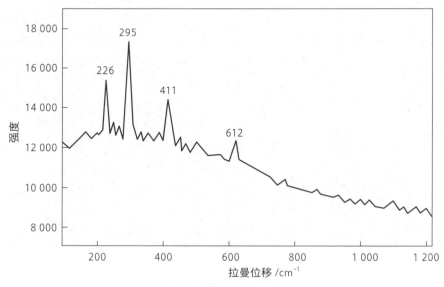

（b）材料组分示意图

图 5-14　拉曼光谱分析水磨石饰面材料组分

5.2.4　饰面损伤数智化获取与诊断技术

上海音乐厅观众厅大厅出现开裂损伤，修缮前需要对大顶进行详细检测查勘。传统损伤检测通常以现场测量和图上标注的方式进行饰面裂缝开裂损坏查勘，一般先搭设大型的操作平台，再人工登高现场近距离查勘，最后对查勘的损伤进行图纸描绘标注，费时、费工、费力。

针对远距离、高净空区域的特色部位饰面损伤查勘难，建立了基于图像识别的特色部位饰面损伤自动诊断技术，围绕特色部位进行不同角度的饰面面层图像拍摄采集，基于人工智能自动识别并标定单张图像饰面面层裂缝信息，通过多源数据逆向建模，形成完整的特色部位饰面面层损伤信息模型。通过快速、精准、非接触、无损伤地获取特色部位损伤状况，为精细化修缮提供了技术支撑，如图 5-15、图 5-16 所示。

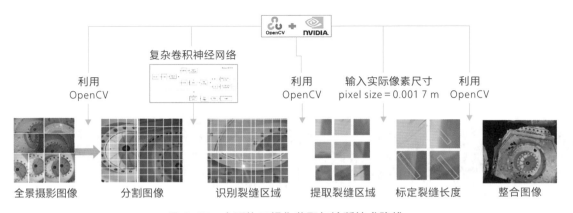

图 5-15　大顶饰面损伤获取与诊断技术路线

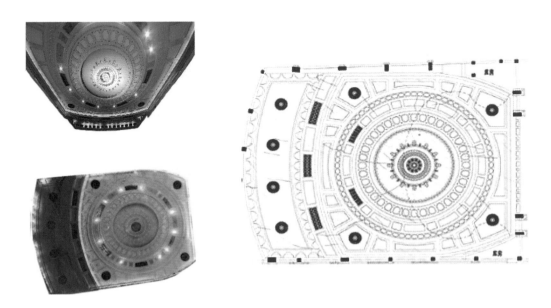

图 5-16　观众厅大顶饰面损伤获取与诊断

　　原有技术资料缺失是历史建筑修缮时常见的问题。由于历史建筑建造年代久远，纸质文档资料易丢失，加之历次修缮资料数据也未成体系化管理，导致每次修缮都需要花费大量的人力、物力和时间去调研特色部位信息，以确保修缮的准确性。因此，有必要将历史文物建筑特色部位传统工艺信息数字化管理，为历史建筑全生命修缮保护提供数据支撑。

　　此次，依托上海音乐厅修缮工程，通过挖掘上海音乐厅历次修缮信息，对特色部位传统材料、构造、工艺进行标准化、数字化。结合工程样本针对历史建筑特色部位，创建了历史建筑特色构件传统工艺材料库，建立了基于传统工匠技艺的营造工艺库，如图 5-17 所示。通过文字、图片和影像资料全面系统地表现特色构件的修缮工艺，包括修缮流程、修缮控制要点以及相关材料信息，实现特色构件修缮工艺 3D 可视化，如图 5-18 所示。

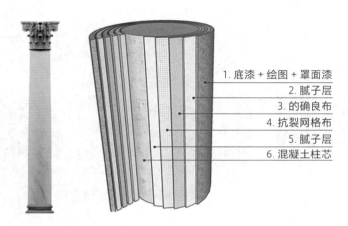

1. 底漆 + 绘图 + 罩面漆
2. 腻子层
3. 的确良布
4. 抗裂网格布
5. 腻子层
6. 混凝土柱芯

（a）柯林斯柱典型特征与内部构造

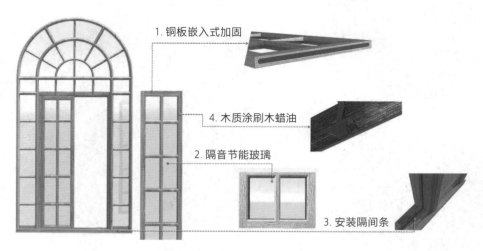

1. 铜板嵌入式加固
4. 木质涂刷木蜡油
2. 隔音节能玻璃
3. 安装隔间条

（b）外立面柚木窗典型特征与内部构造

图 5-17　特色构件构造数字化

（a）清理基层

（b）灰饼冲筋

（c）填充黑白两色水磨石拌合料

（d）木条分仓

（e）滚压抹平

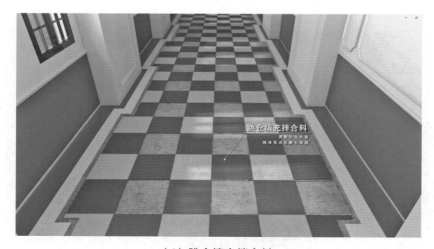

（f）跳仓填充拌合料

图 5-18　水磨石工艺流程和操作要点 3D 可视化

将历史建筑数字化模型与历次修缮信息库进行联动，通过平台的形式进行展示。上海音乐厅特色部位数字化展示涉及建筑全景浏览、内部空间漫游、特色构件展示三个层级的应用场景，内部空间漫游场景如图5-19所示。登录平台，进入特色部位模块后，可支持数字媒体与历史建筑进行互动，对建筑整体及周边环境进行全景浏览，支持建筑内部场景沉浸式三维漫游，实现对建筑物内部空间全方位观摩；同时点击特色部位构件，可以快速获取特色构件的价值特征、构造形制、修缮材料与工艺、历次修缮记录等信息，如图5-20所示。

（a）北大厅内部场景　　　　　　　　　（b）观众厅内部场景

图5-19　上海音乐厅平台建筑内部场景漫游

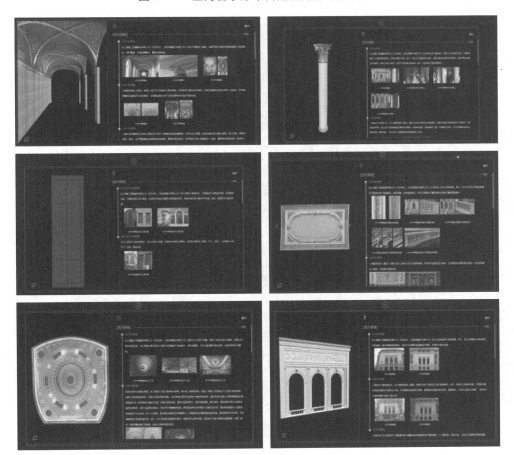

图5-20　上海音乐厅特色构件信息数字化展示

在上海音乐厅文物建筑保护修缮工程中，针对原始资料的缺失造成的信息获取难、传统材料及工艺难以考证造成的保护修缮难、长期服役及材料劣化造成的损伤诊断难等科学技术问题，利用数字测绘、人工智能、大数据等先进技术，可实现历史建筑特征部位几何数据快速化获取、损伤智慧诊断以及历史建筑工艺材料的 3D 可视化传承，为上海历史建筑全生命周期保护修缮提供了坚实的技术支撑。

本次工程修缮先后获得上海市建设工程白玉兰奖、上海土木工程科技进步奖一等奖、全国城市更新和既有建筑改造优秀案例、上海市既有建筑改造铂金奖、上海市既有建筑绿色更新改造评定铂金奖等。修缮后的上海音乐厅如图 5-21 所示。

图 5-21　修缮后的上海音乐厅

预防性保护理念强调"治未病，防患于未然和岁修制度"，本节结合兰心大戏院观众厅穹顶阐述了预防性保护的相关技术，以期通过灾害预防、日常维护、科学管理等措施及技术降低或消除建筑面临的风险，尽量避免大修，实现建筑的延年益寿。

5.3.1 工程概况

兰心大戏院，坐落在上海市茂名南路 57 号，建成于 1931 年，上海开埠历史最悠久、使用时间最长的老戏院，意大利文艺复兴时期府邸式建筑风格，由美商哈沙德洋行委托戴维思和勃罗克设计，1994 年被评为上海市第二批优秀历史建筑。建筑整体为三层混合结构房屋，占地面积约 1 350 m²，总面积约 2 300 m²，沿长乐路、茂名南路两侧布置，其平面呈不规则四边形，立面高低错落；整个建筑由门厅、观众厅、舞台和耳房等部分组成，如图 5-22 所示。

在 2020 年保护修缮中，围绕历史遗存保护修复、历史原貌复刻还原、剧场功能拓展提升，以匠心工艺和创新技术，让这个承载百年历史记忆、见证了代代艺术名家登场的剧院得到蜕变。

5.3.2 预防性保护需求

根据建筑功能，兰心大戏院主要分为门厅、观众厅、舞台、辅房四个区域。其中，观众厅的装修（特别是圆穹顶）为内部重点保护部位之一，如图 5-23 所示。观众厅穹顶是由钢桁架、混凝土梁板屋盖、"钢丝网片 + 纸筋灰"饰面吊挂系统构成的组合结构。其中，"钢丝网片 + 纸筋灰"饰面通过钢吊绳吊挂于屋盖混凝土梁板结构和钢桁架下弦杆上；混凝土梁板屋盖作用于钢桁架上弦杆。从整体受力形式上看，钢桁架结构的安全性是整个穹顶结构安全使用的基础。

兰心大戏院已经服役 90 余年，其间经历过火灾和多次修缮改造，经房屋质量检测部门专业评估，穹顶钢桁架无明显损伤，基本能够满足结构安全性要求。但由于穹顶保护要求高、价值大，且作为人流密集场所，一旦穹顶出现剥落，甚至是垮塌，后果不堪设想。因此，定期检测难以满足历史价值保护和日常安全运营的需求，需要对穹顶钢桁架进行实时监测评估，掌握穹顶安全动态，如图 5-24 所示。

（a）兰心大戏院实景图

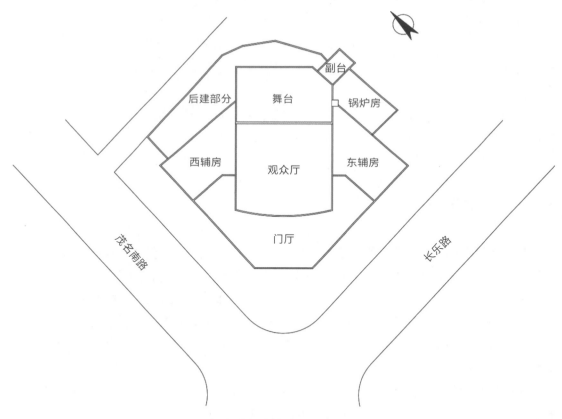

（b）兰心大戏院平面位置图

图 5-22 兰心大戏院

图 5-23　兰心大戏院观众厅穹顶

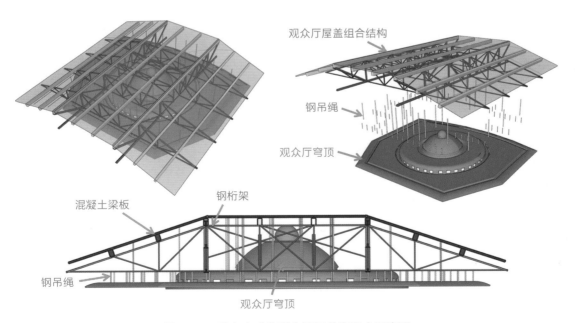

图 5-24　兰心大戏院观众厅屋盖和观众厅穹顶

在兰心大戏院修缮期间，通过对观众厅穹顶进行数字仿真分析、智能监测传感设备安装、预防性保护管理平台开发，开展兰心大戏院观众厅穹顶全生命周期预防性保护，辅助兰心大戏运营管理，为历史建筑保护提供了技术支撑。

5.3.3　观众厅穹顶受力性能仿真分析

兰心大戏院观众厅穹顶钢桁架经历长期服役，目前处于基本稳定的状态。为了能通过最少的监测点位掌握观众厅穹顶钢桁架的内力及变形情况，监测前应先对观众厅穹顶进行受力性能仿真分析，分析大顶在正常使用状态下各部件内力分布情况和关键构件力学性能，以及不同组成部件性能退化下的大顶破坏模式，找出关键受力部件及监测布设点位。

采用数字化测绘技术获取大顶整体构造和尺寸，并基于点云数据建立有限元分析模型。其中，钢桁架杆件材料基本按 Q235 级钢材考虑，结合检测报告，对有损伤杆件的强度进行适量折减；支座按刚接考虑；混凝土梁板屋盖考虑自重和屋面面层及防水保温荷载（共 2.5 kN/m^2）；穹顶吊挂荷载主要施加于下弦，考虑近似实际穹顶面积，取 1.0 kN/m^2；设备等吊挂荷载取 1.5 kN/m^2。

结合兰心大戏院物业管理人员经验和结构分析专业知识，在环境影响、自身劣化、人为影响三方面对钢桁架日常使用期间可能出现的风险情况进行了梳理。同时，对可能出现的风险情况进行了模拟分析，其中风荷载、雨雪荷载、集中荷载、杆件强度折减系数按线性梯度分级模拟多种工况，杆件节点自由度释放按不同节点分别失效模拟多种工况，共计模拟 20 余种风险情况，钢桁架有限元分析模型如图 5-25 所示。

5.3.4　观众厅穹顶远程实时监测

1）观众厅穹顶结构变形监测
以多工况模拟分析结果为基础，从应力、变形数值的变化敏感度出发，将监测传感器点位布置在钢桁架内力、变形变化最敏感的位置，以获取钢桁架的代表数据。目前，共计布设沉降监测点位 14 处，水平位移监测点位 10 处，应变监测点位 8 处，观众厅穹顶变形监测点位布设示意如图 5-26 所示。

2）观众厅穹顶装饰面层开裂变形监测
为确保观众厅穹顶装饰面层的正常使用及其安全性，拟定期对观众厅穹顶装饰面层的表面部分进行三维扫描，同时利用图像识别技术定期监测其表面是否出现裂缝等损伤情况。

围绕观众厅穹顶进行不同角度的饰面面层图像拍摄采集，利用基于人工智能的图像识别技术，自动识别并标定单张图像饰面面层损伤信息，通过多源数据逆向建模，形成完整的穹顶饰面面层损伤信息模型，从而快速、精准、非接触、无损伤地获取穹顶的损伤状况。利用图像识别定期监测穹顶装饰层裂缝损伤的频率拟为 3 个月监测一次。

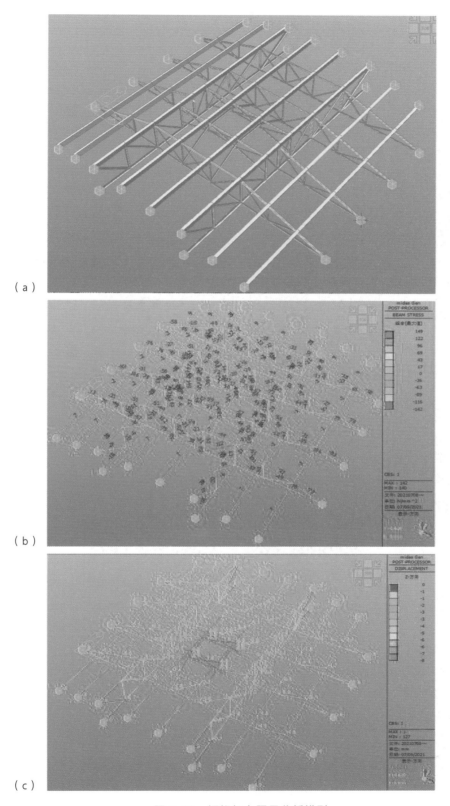

（a）

（b）

（c）

图 5-25　钢桁架有限元分析模型

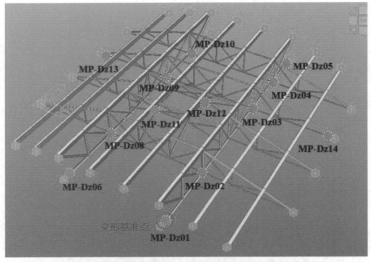

（a）屋盖结构竖向位移监测布设

（b）穹顶装饰面层竖向位移监测布设

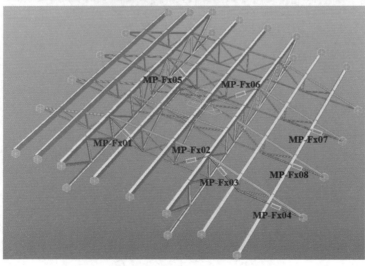

（c）屋盖结构应力应变监测布设

图 5-26　观众厅穹顶变形监测点位布设示意图

3）观众厅穹顶运行环境监测

观众厅穹顶和屋盖结构连接部分采用钢结构，钢材极易受环境因素（温度、湿度等）影响而发生腐蚀，导致材料强度降低，甚至发生破坏。重要的土木工程结构在服役过程中需对环境因素进行监测；通过环境因素监测，可获得环境因素的变化规律，进而指导钢结构的养护维修工作。此外，观众厅穹顶材料的材性与温湿度具有一定的相关性。

为了解观众厅屋盖结构和观众厅穹顶的服役环境状态，在屋盖结构空间内部布置温湿度传感器，如图 5-27 所示，可方便进行监测。温度监测精度为 ±0.5 ℃；湿度监测采用相对湿度表示，精度为 ±2% RH，监测范围 0～100% RH。数据采集频率为：温度 1/600 Hz（10 min 一次），湿度 1/600 Hz。

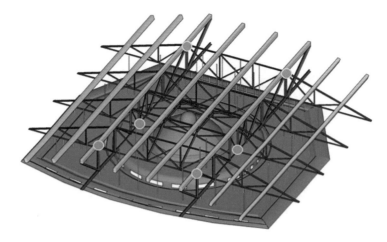

图 5-27　屋盖结构空间内部的温湿度传感器布置

兰心大戏院曾因火灾等而多次重建改建，作为历史保护建筑，应对其火灾安全进行监控。在屋盖结构四周均布安装烟感报警器、视频监测系统，并结合温度监测设备，对屋盖结构内部消防火灾隐患进行监测。温湿度计、烟感、摄像头根据实际条件，采用焊接支座或设计抱箍等措施固定，数据传输和供电导线沿钢杆件排线，通过扎带固定在沿途钢构件上。

表 5-1 为运行环境监测的布置汇总，其中，温湿度计 6 个、烟感报警器 4 个、视频摄像头 4 个。运行环境监测测点布置及排线方案如图 5-28 所示。

表 5-1　运行环境监测的布置汇总

测点类型	传感器	安装方式	测点数量	测点编号
温湿度	温湿度计	表贴式安装	6	MP-TH01～06
火灾烟雾	烟感报警器	表贴式安装	4	MP-SD01～04
视频监控	视频摄像头	表贴式安装	4	MP-VC01～04

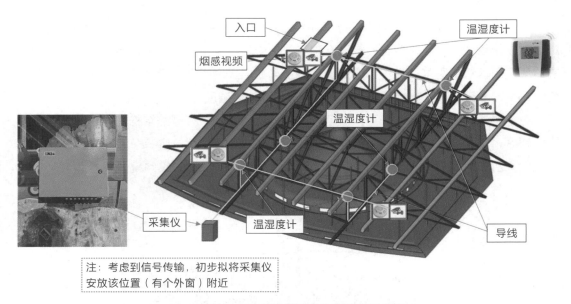

图 5-28　运行环境监测测点布置及排线方案

注：考虑到信号传输，初步拟将采集仪安放该位置（有个外窗）附近

4）观众厅穹顶监测设备选型

为及时掌握钢桁架沉降、水平位移、应变的变化情况，选装的监测传感器全部采用自动化监测设备，自身带有通信接口并集中接入安装与现场的自动化数据采集仪，采集仪内配有混合式智能测量模块和 GPRS 无线通信模块，可实现实时测量数据的简单运算处理和互联网传输，同时采集仪还配有 UPS 系统，避免突然断电导致的数据采集中断。

5.3.5　观众厅穹顶监测数据智能分析

兰心大戏院穹顶钢桁架的结构安全是一个非常敏感的问题，不但牵涉到历史建筑价值的传承保护，还关系着观众厅观众的人身安全。因此，不仅需要对如结构破坏、穹顶坍塌等重大风险进行预警，还需要对变化趋势进行预警，提高预警的颗粒度。

1）分级评估预警逻辑设计

基于监测内容和点位布置，建立了"监测点位—专业评估分项—整体安全"的三级评估逻辑和"一级蓝色、二级橙色、三级红色"的三级预警机制，三级评估逻辑示意如图 5-29 所示。从结构分析角度将整体结构安全分解为结构构件安全、连接节点安全、不均匀沉降、运行环境四个专业评估分项。其中，结构构件安全是指构件受力超出承载能力范围，主要由应变传感器决定；连接节点安全是指构件之间发生过大的相对位移，主要由水平位移传感器和沉降传感器决定；不均匀沉降是指钢桁架出现整体变形不协调的情况，主要由沉降传感器决定；运行环境是指极端天气对屋架空间造成不良影响，由环境传感器决定。

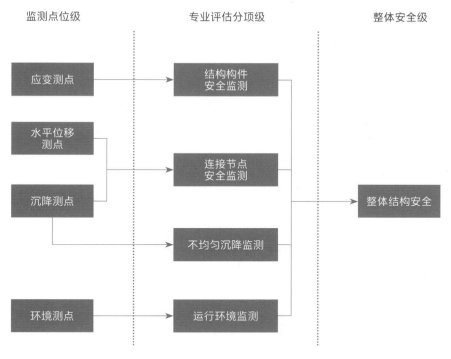

監測点位級   专业评估分项级   整体安全级

图 5-29　三级评估逻辑示意

三级预警机制方面，每个独立的传感器都需要制订蓝色、橙色、红色三级预警的阈值。当每个专业评估分项下关联的任一传感器出现某级别预警信息时，该专业评估分项即变更为本级别预警状态。同时，整体结构安全评估结果也提升为本级别预警状态，即可实现整体结构安全的综合预警，并可以快速地判断是由哪方面的专业因素导致的预警事件。

2）基于历史数据的报警阈值设计

在报警阈值设定问题上，历史建筑是具有自身的特殊性的。一方面，历史建筑无法做到在建成时就安装传感器，缺少历史变化数据积累，导致难以判断当前穹顶结构处于怎样的工作状态、还有多少安全余量；另一方面，穹顶结构材料经历长时间服役劣化，且不允许进行破坏性试验获取材料性能参数，造成其材料的现状性能无法准确量化。所以，依据现有标准规范确定阈值的方法是不适用于历史建筑穹顶结构监测报警阈值设定的。

为了能够为兰心大戏院穹顶钢桁架结构监测设定合适的报警阈值，既实现安全风险的可靠预警，又不至于频繁告警导致丧失报警的价值，基于历史数据，结合有限元分析，对单传感器的报警阈值在极限承载力和日常使用变化幅度两方面进行了综合设计：一方面，能够确保在实际监测值还未达到模拟破坏值前给出最高级别红色预警，避免事故发生；另一方面，可以结合长期的实际监测结果对报警阈值进行动态调整，避免频繁误报警，最终各级报警阈值将逐步趋向于一个稳定的数值。

5.3.6 观众厅穹顶远程监测管理平台

以自动化采集数据为基础，应用监测数据智能分析理论，根据智能监测评估平台系统架构，融合三维变形云图可视化技术，开发了兰心大戏院钢桁架结构安全智能监测评估平台，实现了设备运行状态、实时监测数据、预警事件记录的浏览，整体结构安全的智能评估以及整体变形三维云图的实时可视化展现；根据分级预警制度，一旦监测数据超过预警值，将自动提示使用者提前介入与判别风险，以保障大厅的安全使用。目前，本平台已在兰心大戏院投入使用，为兰心大戏院运维管理人员提供了穹顶结构安全的数字化管理手段。兰心大戏院观众厅穹顶远程监测管理平台如图 5-30 所示。

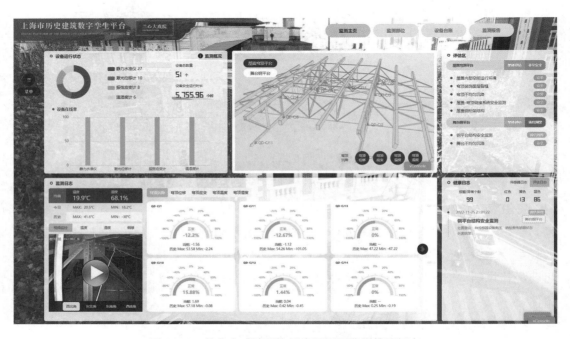

图 5-30 兰心大戏院观众厅穹顶远程监测管理平台

5.3.7 实施效果

兰心大戏院观众厅穹顶监测设备已于 2021 年 12 月底完成部署，监测数据远程实时传输至平台。在近三年的运行期内，传感器设备运行状态正常、数据传输准确及时、结构未发生预警。监测结果表明，观众厅穹顶服役状态处于安全状态。

通过对兰心大戏院观众厅穹顶安装智能监测设备，实时掌握穹顶服役状态，及时发现并消除潜在安全风险，实现对观众厅全生命周期预防性保护。一方面为兰心大戏院安全运行"保驾护航"，另一方面推动建筑遗产数字化转型，为建筑遗产开展预防性保护提供了经验借鉴。

参考文献

[1] 数字航空摄影测量 测图规范第1部分：1∶500 1∶1000 1∶2000 数字高程模型 数字 正射影像图 数字线划图 CH/T 3007.1—2011[S]，2011.

[2] 国家基本比例尺地图图式第1部分：1∶500 1∶1000 1∶2000地形图图式 GB/T 2025 7.1—2017[S]，2017.

[3] 全球定位系统（GPS）测量规范 GB/T 18314—2009[S]，2009.

[4] 航空摄影技术设计规范 GB/T19294—2003[S]，2003.

[5] 数字航空摄影测量 空中三角测量规范 GB/T23236—2009[S]，2009.

[6] 倾斜数字航空摄影技术规程 CH/T 3021—2018[S]，2018.

[7] 地面三维激光扫描作业技术规程 CH/Z 3017—2015[S]，2015.

[8] 近景摄影测量规范 GB/T 12979—2008[S]，2008.

[9] 建筑制图标准 GB/T 50104—2010[S]，2010.

[10] 总图制图标准 GB/T50103—2010[S]，2010.

[11] 测绘技术设计规定 CH/T 1004—2005[S]，2005.

第 **6** 章

建筑遗产
数智化保护发展展望

　　随着科学技术的快速发展，数智化手段已成为建筑遗产保护的重要工具。建筑遗产数智化保护的未来发展趋势，包括新技术的应用、跨学科合作的加深以及可持续性策略的实现。通过分析当前数智化保护的发展状况，本章提出了对未来建筑遗产保护工作的展望，强调对建筑遗产数智化保护事业持续投资和研究的重要性。建筑遗产是上海历史文化名城保护体系中的重要部分，承载着上海地区丰富的历史信息和文化价值。建筑遗产保护修缮工作随着社会的发展，越来越受到重视。在当前全球科学技术快速发展的背景下，社会各领域数智化、信息化快速发展，必将促使建筑遗产数智化保护逐步走向成熟。未来数智化技术将促进人们利用更多工具和方法来记录、分析和保护这些珍贵的建筑遗产。

6.1　数智化保护的现实问题

1）需要逐步认识数智化保护的核心内容

根据目前数智化技术在各个领域的应用情况来看，采用数智化保护技术的核心，是建立一个系统的框架体系和管理模式。因此，需要与建筑遗产保护相关多专业领域工作人员的共同协作，特别在建筑遗产保护与管理岗位中。由于专业背景的限制，缺乏现代信息技术知识，容易将媒体平台传播、数智化与"互联网＋"、智慧博物馆、大数据、云计算等概念混成一团。在实际操作中，会出现数据标准的问题、数据共享方面的问题和数据源存在的问题。当前在信息数据采集和管理方面，还没有一个系统的框架体系和规范的管理模式，导致形成大量的信息孤岛，限制了建筑遗产数据的管理与分析、信息资源的整合与共享。

2）需要不断拓展活化利用手段

数智化保护的最终目的，仍然是"以用促保"，延续建筑遗产物理寿命及其价值。因此，需要开展多方筹措与合作，借助新科技进行建筑遗产的活化利用。为了发展经济而过度"消费"建筑遗产，缺乏保护意识，频频出现建筑遗产破坏和传统村落失火事件。目前，推广文化产业发展是活化利用建筑遗产的主要途径和出口。在推广建筑遗产保护和数智化应用中，出现缺少与建筑遗产业主互动、计算机虚拟场景无法与观众产生共鸣的情况，因此在建筑遗产活化利用方面有待于进一步拓展与研发。

3）需要系统培养数字信息化人才

在信息时代，建筑遗产数据的基本特征是有效传递和广泛共享。目前的基本数据受到部门和专业的分隔，数据库彼此独立。部分的建筑遗产数据为涉密数据，没有体制机制的支撑，难以实现数据的有效共享。建筑遗产数智化保护是一个跨学科的领域，但目前各学科研究结果之间缺乏关联性。为了实现全面的建筑遗产数智化保护。我们需要促进多学科的深度融合，并加强技术方法的广泛协作。数智化保护需要大量资金和高素质的人才支撑，但目前资金和人才支持不足，制约了数智化保护工作的开展。

4）需要完善相关的法律法规

我国现阶段建筑遗产等文化遗产类型的相关法律保护以公法为主，私法保护虽取得一定的实践成效，但其法律制度尚不完善。在数智化环境下建筑遗产及其元素的利用更多地依赖于私权保护。因此，完善的私权保护体系，包括著作权、商标权、专利权和反不正当竞争法等内容，有利于更好地传承与发展建筑遗产的保护工作。对于未来建筑遗产数智化保护相关的私权保护体系，需要调适各法律制度，从而为新兴领域的创作者提供保障：就保护建筑遗产数智化成果制定商标权特殊规则；针对数字技术，为建筑遗产数智化行为调适专利权及商业秘密保护规则；利用反不正当竞争法的兜底优势对建筑遗产元素的商品化权进行保护。

6.2 数智化保护的技术问题

建筑遗产数智化保护技术对教育培训、遗产保护、就业市场的影响极其深刻。数智化保护技术在半个多世纪的发展历程中，从微机的早期应用逐渐发展到今天的人工智能与机器学习，更新迭代的频率日益加快。数智化技术的快速发展在建筑遗产保护领域中得到广泛的应用，包括三维激光扫描、虚拟现实、增强现实、人工智能等新兴数智化技术，我们需要客观认清其中的问题。

1）保护理念与技术的应用

建筑遗产保护范畴的逐渐拓展，不仅针对上海地区的不可移动文物和优秀历史建筑，而且逐渐对传统风貌建筑和其他无身份的老旧建筑进行保护，做到"应保尽保""以用促保"。由于国际保护理念的发展，建筑遗产的修复原真性要求一直制约着新材料和新技术的应用问题。

2）数字化测绘技术的局限与规避

数字化测绘技术中的三维激光扫描、摄影测量等测绘技术已成为不可或缺的应用工具。三维激光技术的局限性在于，仍然受到范围的限制、扫描效果中部分缺失或精度不足，以及在后期数据处理中要求较高的时间和人力成本。摄影测量技术的局限性在于，航空摄影测量中飞行高度与数据精度成反比，拍摄的范围与高度有关，而拍摄精度随高度的提升而减弱；倾斜摄影测量技术飞行高度受到一定的限制，同时由于倾斜拍摄造型会导致生成的数据不完整或变形；贴近摄影不完全适应上海高密度城市肌理中近距离测绘建筑。

为了规避不同测绘方式的局限性和缺点，当前需要按照区域、单体、特色部位和特色构件的层次选取不同的测绘方式进行组合测绘。

3）修缮工艺材料数据库的建立

现存的建筑遗产使用年限都比较长，传统工艺失传、工匠断代及原始材料配比遗失现象比较严重，使得建筑遗产保护修缮的难度日益增加。在传统工艺材料研究的基础上，对原始材料进行信息获取、工艺可视化和技术传承逐步完善建筑遗产修缮工艺材料的数字化问题，建筑遗产材料样本的获取并信息化工程量巨大，收集的过程与建筑遗产的衰退更新并行，这是一个巨大挑战。人工智能对材料和病害样本采集与学习，同样需要大量的工作。

目前，建筑遗产修缮工艺与材料的研究和认识，仍处在起步阶段，对建筑建造工艺的断代、材料的来源和时代认知仍需要进行深入的研究。因此，现阶段的工艺材料数智化仍需要进一步研究和完善。

4）预防性保护数智化的更新迭代

数智化技术在建筑遗产预防性保护的应用，能评价建筑结构材料的保存状态、建筑表面损坏的成因和破坏程度。在该领域存在着传统技术和人工智能技术互相补充的状态，一方面具有非破坏性检测、微观分析、化学分析和生物学检测技术；另一方面人工智能的诊断大大提高前者的效率和精准度，应用范围还需要逐步拓展和提升。

5）数智化保护技术的应用

建筑遗产保护在我国相关领域的制度发展中一直走在前列。新时代的数智化保护技术在上海建筑遗产保护方面已应用多年，并取得一定的成效。由于数智化保护技术对建筑修缮技术、材料、保护修缮理念，以及数智化软件与硬件的要求都非常高且多元，因此，当前的应用推广存在一定的限制因素。基于新技术的推广应用要求，需要建立起分级、分类、分工种的全谱系建筑遗产数智化保护技术应用体系。

6.3　数智化保护的挑战与机遇

6.3.1　挑战

2021 年 12 月 12 日国务院发布的《"十四五"数字经济发展规划》为"互联网＋"按下了加速键，随着 5G 基建、智能终端、元宇宙、数字孪生等产业的发展，关于建筑遗产信息的数智化保存、传播及资源共享新途径应运而生，形成数智化存储、展示、研究的平台。有关建筑遗产数智化平台的构建过程，从提出建筑遗产信息的数智化归档标准，建立信息资源库；建立多功能服务平台串联海量数据；建立建筑遗产搜索展示云平台，实现对建筑遗产的数智化保护与利用。数智化技术能改善记录、存储和传播文化遗产信息的方式，使其更加完善、易用，同时也不断激发遗产保护的新途径。第 19 届国际古迹遗址理事会（ICOMOS）全体会议将"数字赋权时代的文化遗产保护和阐释"作为会议四大核心议题之一，数智化保护已经成为当代文化遗产研究和实践的重要趋势和新兴领域。作为基础，建立文化遗产的数智化记录是该领域的重要研究方向。记录是保存文化遗产信息的核心载体，当遗产本体遭到破坏，记录就成为获取遗产信息的唯一来源。同时，记录也是保护遗产真实性、完整性的主要依据和提升遗产价值的重要手段。

分析当前面临的主要挑战，包括技术的局限性、数据管理问题、资金和资源分配等。尽管数智化技术为建筑遗产保护提供了新的可能，但也存在挑战，如数据的管理与存储、技术更新的速度以及专业人才的培养等。因此，包括文物建筑和历史建筑等建成遗产的保护工作非常紧迫，需要多方协作，采取更多的技术手段妥善保护建筑遗产，将其历史信息永存于世，目前最为有效的手段和途径就是数智化保护。

数智化技术进步为建筑遗产的保护和传承提供了新的机遇，特别是在提高公众参与度和教育价值方面。随着全球化、现代化、数智化的推进，建筑遗产的传承和保护方式有了新的内涵，整个进程固然会给文化传承带来冲突和挑战，但不同文化在接受各种考验的同时，也可以迎来自我更新的契机。数智化保护技术可以更加有效地识别、记录和传递建筑遗产的价值，降低历史信息丧失的风险，并促进建筑遗产档案的体系化建设。数智化保护为推动建筑遗产，乃至更为多元化类型的遗产保护与管理方法提升带来保护途径的创新与拓展。因此，强化数智化保护在建筑遗产保护领域中的优势，包括预防安全系数高、保存质量好且数据资源全面，以及可以降低操作难度，精确测绘误差等方面的优势。

1）数智化技术的革新

预测可能出现的新技术和工具，如人工智能、机器学习在数据分析和模式识别方面的应用。采用静态图像，借助像素级别的精度以及分别率转变成三维点云，以及多光谱摄影技术取得被覆盖图像，重构三维立体模型。

数智化技术在建筑遗产保护领域的应用已经越来越广泛，深度学习和增强学习技术的应用将进一步提升建筑遗产保护的效率和准确性。通过大数据的收集、整理和分析，建立建筑遗产信息的数据库，对建筑遗产进行多层面的分析和探究，从而更好地理解建筑遗产的历史和文化背景。深度学习和增强学习技术，还可以用于建筑遗产的自主识别和分类，大大提高了建筑遗产保护的效率。随着人工智能技术的不断发展，建筑遗产保护工作将更加便捷和高效。

建设建筑遗产数智化博物馆，可以增强网络化的文化交互体验。对上海地区的文物建筑、优秀历史建筑、传统风貌建筑等保护对象的分布图、动态数据信息、相关政策文件和文化特点进行数据采集，同时借助多媒体、虚拟现实、3D 全息投影等数字技术展示技术开发相关趣味游戏和交互式应用，了解上海城市的历史和传统文化，以数字形式让建筑遗产"活起来"。

2）跨学科合作

强调未来建筑遗产保护需要更多跨学科的合作，包括工程师、历史学者、IT 专家等。在未来保护建筑遗产的过程中，需要不同学科领域的专家和学者共同合作。这些领域包括但不限于：工程师可以负责建筑遗产的结构评估、加固和修复工作，确保建筑物的稳定性和安全性。历史学对建筑遗产的文化、历史背景有深入的了解，可以为保护工作提供必要的历史信息和研究支持。IT 专家可以在建筑遗产保护中发挥多种作用，例如使用数智化技术记录和保存建筑信息，利用虚拟现实技术进行修复前的模拟，或者开发用于监控和维护建筑遗产的智能系统。

跨学科合作的好处在于，每个领域的专家都可以从自己的专业知识出发，为建筑遗产的保护提供独特的视角和方法。这种综合性的合作可以帮助我们更全面地理解建筑遗产的价值，制定更有效的保护策略，并运用最新的技术和研究成果来实现保护目标。通过这种方式，建筑遗产保护不仅仅是对过去的保存，也是一个融合现代科技和传统知识的创新过程。

3）可持续性策略

可持续保护模式的推广，通过建筑遗产知识产权、各类文创开发等形式，用市场的手段解决大众文化需求，探索可持续保护的途径。建筑遗产数智化保护技术的应用，可以让建筑遗产的传承与保护工作更加高效、便捷、可持续。建筑遗产数智化保护是将建筑遗产转化为数字形式并储存于云端，能够实现遗产信息的长期保存、快速检索以及传播。同时，数智化技术的应用还能够提高建筑遗产保护工作的效率，加快建筑遗产保护领域的现代化进程，确保其长期保存。随着数字技术的不断进步，未来建筑遗产数智化保护技术的应用将更加普及和完善，为建筑遗产保护提供更加可持续的解决方案。

4）教育、法律法规

目前需求建筑遗产数智化保护技术标准的制定工作，同时法律体系的建立健全，及其应用、知识产权等方面的问题，都需要建立体系化的法律法规。这是建筑遗产数字保护领域的一系列关键性问题。其中技术标准的制定是指出台一系列具体的规范和要求，用于指导建筑遗产数智化保护的实践操作。这包括如何获取和处理建筑遗产的基础信息、测绘信息的获取、成果质量的检查与验收以及建筑遗产数据库的建设方法等。例如，《历史建筑数字化技术标准》就是一个行业标准，它定义了建筑遗产数智化的各个方面，确保了数智化工作的规范性和成果的质量。随着技术的发展和应用，现有的法律体系可能需要更新以适应新的情况。这可能包括对建筑遗产保护相关法律法规的修订或新增相关条款，以确保数智化保护工作在法律上有明确的依据和支持。建筑遗产数智化过程中可能会涉及图像、数据、文献等多种形式的成果，这些成果的知识产权如何界定、保护和合理利用，也是需要明确的问题。

总的来说，这些方面共同构成了一个复杂的系统工程，需要政府、专家学者、技术开发人员以及法律专家等多方面的合作，通过制定合理的技术标准和法律法规，建立起一个完整的体系，以保障建筑遗产数智化保护工作的顺利进行。

6.4 数智化保护的发展方向

根据当前的技术发展和市场需求，预测未来可能出现的新技术和工具，并探讨它们在建筑遗产保护中的潜在应用。此外，未来还将突显跨学科合作的重要性以及建筑遗产保护可持续的必要性。

1）财政支持与多方筹措

《上海市历史风貌区和优秀历史建筑保护条例（2019）》规定了四条筹集渠道：第一，

市级和区、县级财政预算安排的资金；第二，境内外单位、个人和其他组织的捐赠；第三，公有优秀历史建筑转让、出租的收益；第四，其他依法筹集的资金。对于建筑遗产而言，加强财政支持力度，拓宽资金渠道。采用多种方式筹措数智化保护资金，大力宣传筹措社会资金和力量支持，提倡政府专项保护资金与社会资金相结合的多元化资金渠道。逐步优化改革保护资金的渠道，鼓励吸引社会资本积极广泛地介入建筑遗产数智化保护利用行业。结合建筑遗产的使用功能与特性，采取多元化的筹资方式，坚持公益性与商业性相结合。财政部门积极鼓励和支持建筑遗产的数智化保护，对建筑遗产的资金引进与投向、规模等方面制定科学合理的标准和要求。

2）保护技术标准化与产权保护

为了能够完善和优化建筑遗产数智化保护的技术手段和管理方式，建筑遗产管理部门可与建筑设计院校、企业和信息技术单位等共同完成相关保护标准的编写工作，以保障能够在建筑遗产中应用到科学合理的数智化技术保护。由企业、政府和市场多方面合作的方式，以及编写规范合理的管理标准和要求，能够有效提高行业的管理质量和效率，并进一步推进建筑遗产的可持续保护和发展。加强行业管理，要着手建筑遗产数智化保护标准体系及关键标准研究，建立行业标准，规范行业行为、淘汰落后技术，扶持鼓励创新。数据采集技术标准化可解决建筑遗产之前数据存在的问题。

中华文明为世界留下了丰富灿烂的文化遗产。随着现代科学技术的发展，以现代网络技术、信息技术、虚拟现实为代表的数智化技术逐渐成熟，促进了文化遗产传承和保护方式的转变，推动了中国优秀传统文化的全球化快速传播。建筑遗产数智化成果保护是一项长远而艰巨的任务，不但需要公权保护机制的支撑，同时也需要建构合理的产权保护体系。

3）提升社会的整体认知水平

未来需要提高认识，坚持建筑遗产数智化保护工作。巴黎圣母院火灾后得以重建，是因为法国曾对巴黎圣母院全景图、细节图以及建筑结构剖面等进行数字化存档，为今后修复损毁的部分或建筑整体做准备，这种数智化图集是非常可靠的原始资料。突破围绕建筑遗产物质本体保护的传统理念，向重视建筑遗产的本体性质，即全方位保护与突显其物质载体的文化意义。由此，对建筑遗产数据采集技术研究要求日益提高，为建筑遗产的使用与展示提供有力保障。数智化展示是保护建筑遗产信息以及传播最有效且最直接的渠道，可以打破传统游览与使用建筑遗产受到时间和空间的约束。随着信息技术的快速发展和推广，建筑遗产全面进行数智化保护是发展趋势。首先要有整合相关领域的观念，建筑遗产作为建成遗产中重要的组成部分。因此，其数智化保护需要信息技术企业、建筑设计与研究机构、建筑遗产管理部门的共同协作努力。通过在线智能化、信息化等技术应用到建筑遗产保护中去，构建信息技术和保护技术相融合，并适应未来发展的建筑遗产数智化保护。

4）构筑完整的建筑遗产教育体系

由于建筑遗产数智化保护涉及建筑本体、信息技术、实际管理等方面领域的协同合作。因此，拓展建筑遗产数智化保护交流与人才培养是这个领域可持续发展的保障。目前高校建筑设计专业人才培养中，缺少建筑遗产保护方向及专业的培育；建筑设计机构中缺少数智化相关的信息技术见长的设计师和具有遗产保护实践经历的建筑师。对此，应该有目的地培养相关领域的人才，加强领域间的交流与合作。

因此，需要加强建筑遗产数智化保护专业知识普及和人才培养。同时，拓宽传播途径，在社会上不断拓展在其他行业人群的推广普及，向教育行业进行有益的推广和深化构筑完整的建筑遗产教育体系。

5）构建体系化数字信息管理平台

利用互联网技术建立建筑遗产数智化保护平台，即建立建筑遗产数智化数据库和信息化平台，利用数据库技术、信息模型技术、多源遥感技术和地理信息技术等，采用交互式数智化保护的方法，有利于长久有效地储存、共享和更新信息，为数智化保护的跨媒介发函和信息互动提供数据基础。建筑遗产数智化信息平台的构建，有利于保证建筑遗产信息的原真性、历史研究的延续性、城市文脉传承性、专业领域的示范性、公众保护和利用建筑遗产意识的传播性。信息技术保护平台应从平台的多方位来考虑，创建一个能够覆盖上海全区域的网络平台，形成规范系统的规模化数智化平台，保障全面反映建筑遗产的实时保护状态。通过实时摄像、GPS 定位系统和终端传感网络等应用技术，收集建筑遗产的相关信息，便于掌握建筑遗产的实时情况。

6.5　数智化保护的未来展望

1）数智化促进建筑遗产保护

在数字技术飞速快速创新发展的时代，数智化已经成为建筑遗产保护的重要手段，建筑遗产数字孪生将是历史文化传承的"终极"解决方案。目前，建筑遗产数字孪生平台已解决许多方面的应用需求，具体包括建立数智化语义信息档案、全面精确记录几何纹理信息、实施掌握建筑健康状况、智能评估建筑安全风险、可视化沉浸式信息浏览、全生命周期数据协同管理等内容。未来的建筑遗产管理在信息化存档、精细化管理、动态监测存查、智能化分析评估、可视化信息浏览等方面提出新的需求，数智化技术的发展为建筑遗产保护提供新手段、新方法。

2）全方位多领域传承历史文化

数智化保护既能保留建筑遗产的历史文化价值，也是传统文化与现代科技相融合的有效途径，是实现传统文化可持续发展的有力保障。此外，仍存在许多问题需要进一步深化和实践，如数字信息的动态更新和现有平台的日常维护，各部门之间的协作和与市民群众互动等，需要全社会不断地创新探索。只有让全社会持续关注数智化保护研究和实践，才能确保建筑遗产保护得到与时俱进的实际效果，让文化遗产得到保护与传承。

通过对建筑本体深入的调研和文献资料收集，全方位整理建筑遗产的历史沿革、发展状况，为后续的数智化保护提供了重要的理论基础和指导。元宇宙创造"虚拟遗产"，增加建筑遗产价值的传播与阐释。建筑遗产的现实与数智化之间互动，建筑遗产数智化保护及数智化博物馆等内容，有利于解决大区域的保护问题和建筑遗产集群的保护问题，以及多领域的应用和数智化保护问题。

3）持续推广普及数智化保护

由于建筑遗产有着不可再生、脆弱性以及独特性等特征，所以采取数智化保护这种新型的技术手段非常适用与必要。未来的建筑遗产保护工作需要结合多方面的努力，包括技术创新、政策支持和公众参与，以确保建筑遗产得到恰当的保护和传承。对数智化保护开发者来说，应认清建筑遗产数智化保护的核心内容，加强建筑遗产数智化保护相关技术和设备研发。以传播中华民族优秀历史文化为导向和宗旨，保留建筑遗产本体的历史文化信息是数智化保护的关键。因此，契合建筑遗产保护、传承优秀传统文化主旨，能够推广普及的数智化保护利用技术是未来的发展方向。

参考文献

[1] 陈宇恒，姜翘楚，周琦. 中国近代建成遗产信息记录与保护的数字化技术应用研究[J]. 建筑与文化，2023（11）：147-149.

[2] 李杰，吴莎冰，丁援. 作为"本手、俗手、妙手"的HBIM——来自武汉历史建筑数字化保护的观察与思考[J]. 华中建筑，2023，41（5）：17-20.

[3] 王冕. 优秀历史建筑数字化综合管理研究[J]. 地理信息世界，2022，29（6）：41-45，53.

[4] 秦杰，白广珍. 文物数字化保护工作发展及展望[J]. 文物鉴定与鉴赏，2022（23）：33-36.

[5] 孙勇，许正佳. 文物建筑数字化保护的思考[J]. 普洱学院学报，2022，38（3）：85-87.

[6] 杨訢. 数字技术在历史建筑保护与修复中的应用研究[J]. 中国房地产，2021（21）：74-79.

[7] 高益忠，陈明辉，黄燕. 东莞市历史建筑数字化保护研究[J]. 测绘通报，2021（7）：140-143，149.

[8] 李培. 基于BIM技术的历史建筑修缮及再利用研究[J]. 住宅与房地产，2021（4）：43-44.

[9] 高杨. 三维激光扫描的文物破损区域修复研究[J]. 激光杂志，2021，42（1）：187-191.

[10] 郭晓彤，杨晨，韩锋. 文化景观遗产数字化记录及保护创新[J]. 中国园林，2020，36（11）：84-89.

[11] 石若利. BIM技术、三维扫描技术、GIS技术在古建筑修复保护中的运用研究[J]. 软件，2020，41（9）：123-126.